U0351923

魯班經講義

傅洪光◎撰

九州出版社
JIUZHOUPRESS

图书在版编目（CIP）数据

鲁班经讲义/傅洪光著．—北京 ：九州出版社，2018.5（2025.3重印）

ISBN 978-7-5108-7036-1

Ⅰ．①鲁…　Ⅱ．①傅…　Ⅲ．①古建筑－建筑艺术－中国②《鲁班经》－研究　Ⅳ．①TU－092.2

中国版本图书馆CIP数据核字（2018）第102477号

鲁班经讲义

作　　者　傅洪光　著
责任编辑　王文湛
出版发行　九州出版社
地　　址　北京市西城区阜外大街甲35号（100037）
发行电话　（010）68992190/3/5/6
网　　址　www.jiuzhoupress.com
印　　刷　三河市九洲财鑫印刷有限公司
开　　本　720毫米×1020毫米　16开
印　　张　14.75
字　　数　226千字
版　　次　2018年12月第1版
印　　次　2025年3月第3次印刷
书　　号　ISBN 978-7-5108-7036-1
定　　价　48.00元

目　录

一、从鲁班说起

《鲁班经》并非鲁班的作品，这一点，就和《黄帝内经》《黄帝宅经》的作者并非黄帝一样，不难理解。不过，既然书名冠以“鲁班”二字，我们也不妨从这位木工行业的老祖宗说起。

鲁班的名头在我国家喻户晓。这位民间工匠的圣祖，传说是土木工程、建筑、器物、工具、家具、雕刻等等制造的能工巧匠，也是一位道德高尚、能解决各种难题的神人。用他的名讳做书名，用意当然是为了提高书的权威性和可信度。

那么，历史上究竟有没有鲁班这个人呢?

鲁班的生平

据历史文献记载：鲁班，姓公输，名般，又称公输子、公输盘（“般”和“盘”、“班”古时同音通用）。先秦古籍中最早提到鲁班的是公元前4世纪的《墨子》，其中的《公输》篇说：“公输盘为楚造云梯之械，成，将以攻宋。”《鲁问》篇也提到：“公输子自鲁南游楚，焉始为舟战之器，作为钩强之备。……公输子削竹木以为鹊，成而飞之。”我们可以看到，鲁班曾经为楚国制造攻城用的云梯和水战用的钩强（又名“钩拒”），在战争中发挥了比较大的作用。

《墨子》中提到的公输盘和公输子，在《吕氏春秋》、《汉书》和《抱朴子》等书中都引作公输般或班输。因他是鲁国人，在《朝野佥载》和《太平广记》中，称为鲁般或鲁班。

在中国古代，由于史家对工匠的轻视，鲁班的生平难以考实。汉代的《盐铁论·贫富篇》说：“公输子能因人主之材木，以构宫室台榭，而不能自为专屋狭庐，材不足也。”意思是说鲁班为富贵人家修造宫室台榭，自己却没有盖房的原料，连简陋的草房也盖不起来。看来他是个出身贫寒的匠人。《礼记·檀弓》说："季康子之母死，公输若方小。殓，般（即鲁班）请以机封。"季康子的母亲据考是死于公元前494年，据上文意思，当年鲁班已经成名，被同族年少的主管匠师公输若，请去安装康母墓的掣动机关。又据墨子年谱考，墨子与鲁班进行过一场关于"非攻"争辩，大体在公元前440年。我们只能由以上文献推断，鲁班和墨子应该是同时代人，其才能发挥时期大约在春秋末年战国初期，是当时著名的能工巧匠。

据《事物绀珠》、《物原》、《古史考》等不少古籍记载，鲁班还是个善于观察事物的发明家。木工所使用的很多工具传说都是鲁班发明的。像木工使用的曲尺，叫鲁班尺；又如墨斗、伞、锯子、刨子、钻子等。这些木工工具的发明，使当时工匠们从原始、繁重的劳动中解放出来，极大提高了劳动效率。因而鲁班被后世尊为土木制造行业的祖师。

鲁班的神化与信仰

如果说鲁班作为一个著名的能工巧匠，历史上确有其人，那么在他死后，有关他的事迹在我国民间就慢慢被神化了。

《鲁班经》里有一篇"鲁班仙师源流"，叙述了鲁班的生平，我们来看一下原文：

> 师讳班，姓公输，字依智。鲁之贤胜路，东平村人也。其父讳贤，母吴氏。师生于鲁定公三年甲戌五月初七日午时，是日白鹤群集，异香满室，经月弗散，人咸奇之。甫七岁，嬉戏不学，父母深以为忧。迨十五岁，忽幡然，从游于子夏之门人端木起，不数月，遂妙理融通，度越时流。愤诸侯僭称王号，因游说列国，志在尊周，而计不行，乃归而隐于泰山之南小和山焉，晦迹几一十三年。偶出而遇鲍老辈，促膝宴谭，竟受业其门，注意雕镂刻画，欲令中华文物焕尔一新。故尝语人曰："不规而圆，不矩而方，此乾坤自然之象也。规以为圆，矩以为方，实人官两象之能也。矧吾之明，虽足以尽制作之神，亦安得必天下万世咸

能，师心而如吾明耶。明不如吾，则吾之明穷，而吾之技亦穷矣。”爰是既竭目力，复继之以规矩准绳。俾公私欲经营宫室，驾造舟车与置设器皿，以前民用者，要不超吾一成之法，已试之方矣，然则师之。缘物尽制，缘制尽神者，顾不良且钜哉。而其淑配云氏，又天授一段神巧，所制器物固难枚举，第较之于师，殆有佳处，内外赞襄，用能享大名而垂不朽耳。裔是年跻四十，复隐于历山，卒遘异人授秘诀，云游天下，白日飞升，止留斧锯在白鹿仙岩，迄今古迹昭然如睹，故战国大义赠为永成待诏义士。后三年陈侯加赠智惠法师，历汉、唐、宋，犹能显踪助国，屡膺封号。我皇明永乐间，鼎创北京龙圣殿，役使万匠，莫不震悚。赖师降灵指示，方获落成。爰建庙祀之匾曰“鲁班门”，封待诏辅国太师北成侯，春秋二祭，礼用太牢。今之工人凡有祈祷，靡不随叩随应，忱悬象著明而万古仰照者。

万历本《鲁班经》原图

按上文说法，鲁班姓公输，字依智，生于鲁定公三年（公元前507年），曾隐居于泰山之南。应当说，这是按民间传说写成的鲁班传略，其中有明显的神异色彩。比如说鲁班出生之时“白鹤群集，异香满室，经月弗散”，又说他“云游天下，白日飞升”，“历汉、唐、宋，犹能显踪助国，屡膺封号”，这里已经完全没有早期历史文献如《礼记》、《墨子》等提及的鲁班的影子。经过长期的民间口头流传，鲁班已经从一个真实的历史人物逐步演变成一个神话式的“巧圣”。

汉代有鲁班门之说。《历代帝王京宅记》卷五载：“金马门，宦者署门也，门旁有铜马，如名。武帝时相马者作铜马献之，立于鲁班门外，更名鲁班门。”东方朔等人皆待诏于鲁班门外。

北魏郦道元《水经注》“渭水”条中有一段记载：

> 渭桥，旧有忖留神像。此神尝与鲁班语，班令其人出。忖留曰：我貌狠丑，卿善图容物，我不能出。班于是拱手与言曰：出头见我。忖留乃出首。班于是以脚画地，忖留觉之，便还没水。故置其像于水惟背以上立水上。

在这一神异的传说中，鲁班和忖留神对话，并乘其不备以脚画下了神像，这神像还吓到了路过便门桥的魏武帝。这神化了鲁班惊人的摹写能力。

前边提到的《墨子·鲁问》称：“公输子削竹木以为鹊，成而飞之，三日不下。”无独有偶，《淮南子·齐俗训》云：“鲁般、墨子以木为鸢而飞之，三日不集。”明陈禹谟《骈志》卷十有对偶句：“墨子为鸢一日而败，公输为鹊三日不下。”不管是“为鹊”还是“为鸢”，都是“三日不下”，和现代飞行器差不多了。

更进一步，唐余知古《渚宫旧事》卷二云：公输般“又尝为木鸢，乘之以窥宋城”。鲁般不但能“为木鸢”，还能“乘之以窥宋城”，这无疑是用以军事侦察的古代滑翔机了。

除一些神异的发明外，后世民间几乎把所有巧夺天工的建筑都传说为鲁班所造。

宋吴自牧《梦粱录·园囿》云："庆乐园，旧名南园，隶赐福邸园，内有十样亭榭，工巧无二，俗云鲁班造者。"宋范成大《吴郡志》卷三提到，俗传昌门为鲁班所造。宋李昉《太平御览》卷七百五十二云："鲁班刻石为禹九州岛图，今在格城石室山东北岩中。"卷九百五十八云："七里洲中有鲁班刻木兰为舟，至今在洲中。"

明代章潢《图书编》卷六十云："唐大中十年（856 年）七月所建唐殿，其制与今绝异，相传鲁公输子所构。"明董斯张《广博物志》卷四十四引《述异记》称："天姥山南峰，昔鲁班刻木为鹤，一飞七百里，后放于北山西峰上。汉武帝使人往取之，遂飞上南峰。往往天将雨，则奋翅动摇，若将飞奋。"这是对鲁班手工技艺的神化。

清陈元龙《格致镜原》卷九引《夷坚续志》云："赵州石桥，为鲁班手造，极为坚固，意谓今古无第二桥矣。有张神乘驴过桥，动欲倾。鲁班在下以两手托定，而坚如初。至今桥上有张神乘驴痕，桥下有鲁班两手托迹。"

《广西通志》卷十八称，阳朔县遇龙桥，在县西二十里遇龙堡，相传古鲁班所造。平乐县接龙桥，在北涧之北，高可数丈，阔亦如之，中止一拱，俗传鲁班所造。

如此等等。对于此类现象，唐段成式《酉阳杂俎》卷四说道："今人每睹栋宇巧丽，必强谓鲁般奇工也，至两都寺中，亦往往托为鲁般所造，其不稽古如此。"到了近代，胡适解释得很明白："上古有许多重要的发明，后人不知道是谁发明的，只好都归到黄帝的身上，于是黄帝成了上古的大圣人。中古有许多制作，后人也不知道究竟是谁创始的，也就都归到周公的身上，于是周公成了中古的大圣人，忙的不得了，忙的他'一沐三握发，一饭三吐哺'！这种有福的人物，我曾替他们取了个名字，叫'箭垛式的人物'。"

显然，鲁班和黄帝、周公一样，也是此类"箭垛式的人物"。从先秦至明清以来，鲁班的神迹已遍布神州大地。木、石、泥、瓦业、木雕业、锯木业、造车业、搭棚业、编织业等众多的行业的弟子们都尊奉他为行业的祖师爷，称他为"鲁班先师"，把他推升到行业保护神的高位，由此产生了鲁班崇拜和信仰。

每年的农历六月十三日，为鲁班师傅诞日，是木匠行业里最重要的祭祀的日子。在这天不仅要庆祝师傅的诞日，还要派“师傅饭”。传说吃了“师傅饭”的小孩，也会聪明健康伶俐。业内的手艺人要感恩师祖，传颂他的美德。在贺诞这一天，要请一班艺人来唱八音，或者请一台木偶戏来演出，这一天对于木匠行业来说是极其隆重的。

由于对鲁班的无限景仰与崇拜，很多地方还专门修建了祭祀鲁班的庙。供奉鲁班神像的鲁班殿又叫祖师殿，行会议事，订行规、工价，乃至到师傅收徒，都在祖师殿内举行。如天津蓟县的鲁班庙、山东岱庙的鲁班殿、上海南翔镇的鲁班祠、湖南湘潭市雨湖区的鲁班殿和香港青莲台的鲁班古庙等，这些祭祀鲁班的庙宇不但遍布祖国大陆、香港、台湾，还远及东南亚一些国家。

据清代的《集说铨真》，鲁班曾隐于历山。直到今天，济南历下区的千佛山（即古之历山）北麓山腰上还有一座鲁班祠，祠内陈置了许多全国各地（包括香港、台湾地区）的人们以及马来西亚、新加坡等国的华侨、华裔送来的各种匾牌。老百姓们更是将鲁班作为神灵来供奉，至今香火不断。

鲁班的传说甚至在很多少数民族地区里也多有流传及记载。在西南地区瑶族最著名的古典歌谣《盘王大歌》中，有“鲁班歌”，把鲁班歌颂成一切制作之祖，“千般都是鲁班教，若无鲁班都不成”。云南通海县有一个蒙古族聚居区，以每年的农历四月二日作为“鲁班节”，这已成为当地民众一个重要的节日。每逢四月初二，当地蒙古族人便要杀猪宰羊，搭台唱戏，并把供在中村大佛殿中的檀香木鲁班雕像迎到各村瞻仰。此日，从事木工匠作的男子要回来参加盛大的节日庆典，祭祀鲁班。为了表达对鲁班仙师的崇拜之情，还赐给他一个蒙古族的姓，称他为“旃班仙师”。

毫无疑问，鲁班已经成为我国最负盛名的行业之神。鲁班神话传说的广泛流传无疑增加了民众对木匠的敬畏，并在一定程度上提高了木匠行业的社会地位。

二、《鲁班经》之源流

《鲁班经》，原名《鲁班经匠家镜》。所谓“匠家镜”，就是说它像工匠家的一面镜子，是匠人们用来营造器物的指南、法度和规范。

与宋朝李诫编著的《营造法式》不同，《鲁班经》属于民间木匠的职业用书。其内容，主要包括营建尺法、相宅、选择方位、工序、祈禳、镇解等。可以推断，它源自民间木匠的实际经验，先以口诀和抄本的形式在工匠中薪火相传，数百年间不断增补内容，至明清时蔚为大观，付梓流传，出现了各种版本。在《鲁班经匠家镜》之前出现的《新编鲁班营造正式》，可视为《鲁班经》的前身。

在《鲁班经》之前，讲建筑营造技术，尤其是来自民间的木作技术之类的书籍，流传下来的几乎可以说是一片空白。

古代的建筑类书

中国有丰富多彩的古建筑和家具遗产，但在漫长的有文字可考的历史中，涉及建筑、家具等木工营造技术方面的文献资料却极其有限。一些文人的诗赋、笔记等对建筑虽偶有描述，然其意图却非记录技术经验，而是以之创造某种艺术环境、气氛，烘托某种主题；也有一些典籍内曾有关于建筑的记载，但仅从礼制的角度，对建筑作某种规定要求，也不是建筑技术的记录。

《周礼》中的《考工记》，成书于春秋战国时期，篇幅并不长，这是中国古代流传下来的最早的一部记述当时社会手工业生产各工种的制造工艺和质量规格的官书。它对当时的城市及建筑和各类手工艺技术作了全面的总结，记述了木工、金工、皮革工、染色工、玉工、陶工等六大类、三十个工种，包含着从城市规划到建筑设计、从家具到日常生活设计的方方面面。从选材到制造方法、产品构造与规格以及检验质量的方法、工程形制等等，都分别作了或详或略的记述。

金末元初，薛景石撰有木制机具专著《梓人遗制》。唐代以后多称木匠为“梓人”（如柳宗元有《梓人传》），故名。这本书图文互释，以介绍木器形状、结构特点、制造方法为主，但所记木工工艺范围较窄。

北宋晚期，为了更好地管理宫殿、衙署、庙宇、园囿、府第等的营建工作，将作少监李诫奉敕编修《营造法式》，于宋元符三年（公元1100年）完成，崇宁二年（1103年）镂版颁行天下。李诫以他修建工程之丰富经验为基础，参阅大量文献和旧有的规章制度，收集工匠讲述的各工种操作规程、技术要领及各种建筑物构件的形制、加工方法，从而编成此书。这是一部史无前例的官式建筑专著，堪称当时的设计大全，全书包括有壕寨、石、大木、小木、彩画砖、瓦、窑、泥、雕、镟、锯、竹等各种制度，以及施工的工料、定额和各种建筑图样。但其中最著名的要属大木与小木的设计制度。

比《营造法式》略早的时期，在民间流布着一部传说是木工喻皓撰写的《木经》。如果说《营造法式》是一部官修的以“大式”为主的建筑技术书籍，那么《木经》可以认为是一部流行于民间的关于民间“小式”建筑的书籍。《木经》直到北宋末年尚存，欧阳修的《归田录》、沈括的《梦溪笔谈》、李格非的《洛阳名园记》都提及《木经》，可见该手册在当时的权威地位，可惜后来失传。只有少量原始材料被保存在《梦溪笔谈》里，如把房屋分为三分，梁以上是上分，从梁到地面是中分，地阶是下分，以及梁有多长，规定相应的屋顶高度和屋檐多长等。这里摘录一下：

营舍之法，谓之《木经》，或云喻皓所撰。凡屋有三分：自梁以上为上分，地以上为中分，阶为下分。凡梁长几何，则配级几何以为等衰。如梁长八尺，配级三尺五寸，则厅堂法也，此谓之上分。楹若干尺，则配堂基若干，以为等衰。若楹为一丈一尺，则阶基四尺五尺之类。以至承栱、榱角等，皆有定法。此谓之中分。阶级有峻、平、慢三等。宫中则以御辇为法：凡自下而登，前竿垂尽臂，后竿展尽臂为“峻道”；前竿平肘，后竿肩平

> 为“慢道”；前竿垂手，后竿平肩为“平道”。此谓之“下分”。其书三卷。近岁土木之工，益为严善，旧《木经》多不用，未有人重为之，亦良工之一业也。

《木经》是否影响了后来的《鲁班经》？这一问题还有待进一步考证和研究。

以上就是《鲁班经》出现之前，有关建筑木作技术方面的专著的大体情况。我国古代，“形而上者为之道，形而下者为之器”（《易·系辞上传》），得道为贵，制器为贱，士大夫不屑总结制器之术。因此相对于我国浩如烟海的历史文献，这方面的专著确实是少之又少，如凤毛麟角。尤其是民间建筑家具方面源自匠人实际经验的文字资料，几无所见。

《鲁班经》产生的时代背景

古代的建筑木作技术，历史文献虽然很少记载，却不妨碍民间匠师技术与经验的代代相传。民间建房都是匠师依据其祖传技术经验和进行的。这些技术经验和规矩，有的是用文字记录的，也就是抄本形式，如陈耀东先生的《鲁班经匠家镜研究》提到，在民间建筑的长期调查研究中，发现在各地特别是闽粤一带的民间匠师中，流传着不少关于营建方面的祖传抄本，作为师徒、父子传承的秘本：

> 这些抄本内容有多有少，其中大多是木工（主要是大木作）的内容，主要包括营建尺法、相宅、选择方位及选择各工序开工的吉日的方法，营建活动中的禁忌、重要工序开工时的请神仪式、祝词及竣工后的祈禳、镇解等等，内容和《鲁班经》大抵相同，可视为《鲁班经》在民间匠师的传抄本。

而除了抄本，更多的是匠师父子或师徒在长期劳作中口授的做法规矩，不传外人，不见诸文字。这些通过抄本和口授薪火相传的做法规矩，就是民间建筑的匠作制度，包括从建筑的总体、单体到主要构件的各种传统尺度、做法规矩、禁忌，如何画起屋样、放线、定位，等等。

到了明代，情况有了很大变化。顺便提一下，我国古代最有价值的工艺论著，都集中诞生于这一时期，如我国古代惟一的漆艺专著《髹饰录》、我国古代惟一的园林艺术专著《园冶》、我国古代科学记叙百工的著作《天工开物》等。《鲁班经》并非一个孤立的现象。

尤其明代中后期，是社会转型的重要时期。工商业经济的繁荣和高度发展，带动了建筑营建的普遍活跃。此时不论官式建筑、坛庙建筑还是私家园林都进一步发展，逐渐形成各自的特色，各地民居建筑百花齐放。大规模的营建，成就了中国古建筑发展的最后高峰期。加上皇家重视营造，直接任命工匠为官，客观上促进了建筑技术的发展和相关典籍的推广，民间匠师的木工技艺得以广泛地传播，也有了汇编为专书的客观要求与可能。

明清时期，风水之学广泛流行。一切重大活动如开张、出行、红白喜事、营建等，皆须依吉利日辰、方位行事。此时皇家官府有钦天监、阴阳宫，国子监设阴阳学；民间则有专业的风水师。一般文人雅士或多或少都懂得一点择地相宅方面的知识，更有一些落第文人在举业无望后转作风水师，无形中提升了这一行当的整体知识水平。在当时所谓的三教九流中，有俗谣曰“一流举子二流医，三流丹青四地理，五星六爻，七僧八道九行棋”，风水术士（地理）仅次于读书人、医家和画师，足可见其社会地位不低，也体现了民间对风水的重视。

风水文化的盛行，也带动了营建观念的转变，由之前注重营建材料、营建技术等转变为注重建筑风水择吉。当时的民间营建活动，一是要有业主，二是要有职业的风水师，三是有专职土木工师的通力合作才能实现。业主对建筑提出规模、内容、形式及装修等方面的要求；然后由风水师根据风水、流年等进行相地与择吉（即选择地基、建筑朝向及各道工序的开工吉日）、修造起符等工作，竣工后进行魇镇及禳解；土木匠师才根据风水师选定的基址方位、排的良辰吉日按传统的尺法、做法进行营建。在这样运作的模式中，风水师的社会地位与报酬要比工匠高。出于职业的竞争要求，匠师深感自已也须具有相地、选择及禳镇等方面的能力和发言权，以免风水师之类人物在营建中分一杯羹，自己就能把风水师的活儿干了。

另一方面，小城镇及农村的业主财力有限，不愿支付过多的看风水费用，同时小城镇及边远农村也难于随时找到合适的风水师，也客观上要求工师们学习掌握一些相宅、选择等的知识和资料。恰恰就在这一时期，明代编书刻书业的繁荣发展，促成了广大民间匠师的心愿。

明清时期是我国封建大一统的顶峰时期，也是古代传统文化集大成的时期。系统收集和整理历代著作成了明清时期文化的一大特色。明代的《永乐大典》，清代的《四库全书》、《古今图书集成》，都是洋洋大观、搜罗古今图书的大型类书，收录了几乎所有流传下来的风水典籍，并且对这些著作进行了一番考证和研究。在这一时期，不惟官方编修，民间的编书也欣欣向荣。我国自古就有从各种书籍中收集摘抄汇编而成另一书籍的风气，明清尤甚。当时随着经济发展，刻书业十分发达，官、私、坊刻都数量众多且有相当成就。不仅印刷价格低廉，印刷工艺、印刷技巧也有了很大提高。从中央到地方，刻书坊星罗棋布，从官办到私坊，形成“无处不刻书”的状况。民间刻书业的发达，无疑也促进了风水类著作的盛行，民间收集和刊印风水典籍颇兴。明朝编有《地理大全》、《阳宅十书》、《阳宅集成》等，均是从各种书籍中摘抄而成的重要的专著，其中的房舍营建工序的吉日选择等内容，正迎合了民间匠师们的需要。

在这样的情况下，将匠师的实际技术经验与风水择吉的术数内容相结合的专书的出现，就成了顺理成章的事情。流传到今天的这类明代著作有两部：一部是《鲁般营造正式》，另一部就是《鲁班经匠家镜》，即《鲁班经》。

前身：《鲁般营造正式》

《鲁般营造正式》是我国现存最早的民间匠师专业用书。现在我们能看到的《鲁般营造正式》，仅存宁波天一阁明代中叶范氏所收藏的孤本。1931 年，著名文献学家赵万里（斐云）先生在宁波天一阁整理藏书时，发现此书，并向中国营造学社介绍。此孤本有六卷，现藏浙江省宁波市文物保管委员会（天一阁图书馆），可惜发现时已残缺不全，仅保存三十六叶，最后一叶有“新编鲁班营造正式六卷终”十一个字，现一般简称“鲁般营造正式”。

此书的残本，失第一、二、三叶，仅存三十六叶。自第四叶至三十九叶连续衔接，计：卷一，存六叶；卷二、卷三，各存十叶；卷四，存七叶；卷五，不存一叶；卷六，存一叶。此外还有二叶，内容也是建筑，但不知属于何卷。残本插图二十幅，多作立面、侧面图形，而少用透视。图、文多相符，但文字已有误夺，且内容也有散落，从残存页次上就可看出这方面的痕迹。卷一以“请设三界地主鲁般仙师文”引领，下设“定盘真尺”、“鲁班真尺”，绘地盘图、地盘真尺、水绳与水鸭子、鲁班真尺、曲尺等工具图样，到“正九架五间堂屋格”后，存本残佚。作者信息也无法得知。

此书的刊行年代，据天一阁工作人员研究，认为大约是明中期成化、弘治间（即公元15世纪中至16世纪初）。据郭湖生先生考证，为建阳麻沙版；而据赵万里先生考证，可能是明中叶福建刻本。

不难看出，《鲁般营造正式》实际上是一个以建筑大木作为主要内容的民间木工技艺口诀的传刻本。书名中的“营造”二字，清楚地表明这本书是属于营建类的。明代焦竑《经籍志》中有《营造正式》书名，注明六卷，列于李诫的《营造法式》一书之前。两本书内容都是建筑技术专著，而书名只有一字之差。但这里的《营造正式》是否就是今日所见《鲁般营造正式》，还难以确定。

我国著名建筑史学家刘敦桢先生曾对此书进行校订，并于《文物》1962年二期发表一篇名《鲁班营造正式》的研究文章。刘敦桢先生指出，此书总结的是江南民间建筑的经验，“在体裁上，于卷一‘请设三界地主鲁般仙师文’之后，置正七架地盘图一幅，接着列举地盘真尺、水绳与水鸭子、鲁般真尺、曲尺等四种工具，均有图及说明，基本上沿袭宋《营造法式》的体例。小门式用于墓前，柱上斜板乃宋代日月板遗制，曾见于宋平江府城图及元人绘画，据此知明代中叶尚留传未绝。其余创门、垂鱼、掩角、驼峰、毡笠等犹存宋式面貌，均为万历以后诸本所割弃。”这些，都说明《鲁般营造正式》保持了很多宋代风貌。

此外，依据书中的“请设三界地主鲁般仙师”文中有“今厶路厶县厶乡厶社奉大道弟子厶人”字句，符合元代地方行政建制称谓，而明、清版的《鲁班经匠家镜》中，也有这段文字，但在该处则写明“大明国”、“大清国”，其后是某省某府某县等，也都符合明、清地方行政建制的称谓。从这一点来看，可以推测它的成书最晚也应该在元末明初。

郭湖生先生也指出：“如果以《鲁般营造正式》中反映的技术和风格推论成书于宋末至元代一段时期，是不违反历史实际的。”（《关于〈鲁般营造正式〉和〈鲁班经〉》）

天一阁本《鲁般营造正式》为我们留下了图文并茂的早期工匠用书的实物资料。编排顺序比较合乎逻辑，先论述定水平垂直的工具，一般房合的地盘样及剖面梁架，然后是特种类型建筑和建筑细部，如驼峰、垂鱼等。另外，插图较多，与文字部分互为补充，且保存了许多宋元时期手法。可以据此推断，至少从宋代起，我国古代匠师即已用手抄本形式记录建筑工程过程的各方面各环节的主要内容，用文字和图配合表达。

天一阁《鲁般营造正式》孤本自发现以来，有关它与《鲁班经》的关系，学界有不同的意见。一种意见认为，《鲁般营造正式》与《鲁班经》是同一本书，前者是后者的更早版本，这是因为《鲁班经》包纳了《鲁般营造正式》的基本内容，因此，认为它应由《鲁般营造正式》增编而成。刘敦桢先生即持这种意见；而1979年《中国建筑技术史》中《鲁班营造正式》评述一文在谈及《鲁班营造正式》和《鲁班经》时，也有相同的论述。

而另一种意见认为：《鲁般营造正式》和《鲁班经》是不同的两部书，是不能把二者混为一谈的。其理由也很有说服力：不论从内容、文体还是插图，这两部书都存在着的明显差别。《鲁般营造正式》内容仅为房屋营建，如一般房舍、楼阁、钟楼、宝塔、畜厩等，不包括家具、农具等，其文体统一，为建筑木匠口诀式的文字，插图也比较古朴，多为立体侧面图形，且图文多相符；而《鲁班经》的内容除了房屋营建，并有生活家具和日用器物的制作，还增加了风水、择吉等术数方面的内容，其插图技法更高一筹，多为透视图，线条流畅，构图讲究，但存在图文不符的现象。因此，可以认定这是两部不同的书。

陈耀东先生在《〈鲁班经匠家镜〉研究》中指出：

《新编鲁般营造正式》具有单独内容的条款共有32项，其中有三项没有明确的条目。这些条款在其他《鲁班经》的版本中均有。与其他版本相比，其条款数量不及其他版本的1/8，但它录有尺法、祝文、起工格式、论造宅舍吉凶论、画起屋样、定盘真尺、断水平法及各种屋样格式等重要内容；条款的内容均与其他版本的《鲁班经》相同，可以说，它已具有《鲁班经》的重要内容。它应是与明代其他版本共同衍出的本子。全书有图20幅，均为其他版本所没有，计有整叶的14幅，半叶的3幅，不足半叶的3幅。建筑图中的梁柱关系基本交待清楚，尤其是各种屋架及垂鱼驼峰等图样最有价值。这些插图其他版本没有，或虽有标题相同的插图，但形象却完全不同，似乎可以推知《鲁般营造正式》与明清版本的《鲁班经》的文字是从同一祖本衍出，明清版本各自添加插图，而不大可能是直接从《鲁般营造正式》的插图翻刻的。

据上述所论不难看出，《鲁般营造正式》和《鲁班经》确实是不同的两部书。但要说二者之间毫无关系，那也是不符合实际的。虽然前者条目数量还不到后者的八分之一，但后者包含前者的所有条目，且内容性质上属一致，都包括建筑择吉、建筑工具，建筑用木、建筑尺寸选择等重要内容，可见，两部书关系非同一般，可以认为《鲁般营造正式》出现的时期更早，是《鲁班经》汇编的底本之一。

当然，《鲁班经》也不尽然包含了《鲁般营造正式》的全部内容。我们今天看到的《鲁般营造正式》虽已残缺不全，《鲁班经》基本抄录了它的内容，但可能仍然遗漏了相当多部分。比如“正七架地盘”、“楼阁正式”、“七层宝塔庄严之图”，在《鲁班经》内是找不着的。《鲁班经》中的配图，也和《鲁般营造正式》毫无关系，是按重刻者或编集者的意图重新绘制的，大失原意。因此，也不能认为《鲁班经》就代表了《鲁般营造正式》的原貌。

《鲁班经》之版本与内容简介

作为元明清时期宅舍营建、家具制作、风水择吉等的民间营造典籍，《鲁班经》在民间木工及藏书人的收藏下薪火相传，已历四五百年之久。在漫长的历史中，这部书被广泛翻刻影印，版本也不断演进，目前发现的版本可达数十种之多，多散布于江浙一带及东南沿海。由于此书多为坊间私刻，故不同时期不同地区的版本或多或少存在差异，传讹也较多。以下根据现有的研究成果，介绍一下这部书的版本及内容的演变情况。

《鲁班经》现存的最早版本，是国家文物局收藏的明万历本，不过，这一本缺失前面二十多页。其次，是崇祯本，北京图书馆和南京图书馆都有收藏，比较完整。往后，清代据明本翻刻较多，不下五六种。这些版本内容或有增减，顺序或有所颠倒，或增加卷数，直到近代仍广泛流传。

（一）明万历本

目前能够看到的《鲁班经》最早为明万历（1573—1620）年间刊刻，全称“新镌京版工师雕斲正式鲁班经匠家镜”，为1961年初国家文物局搜集到的一部残本，现藏国家文物局；另外，明万历丙午年（1606）刻本现藏于北京故宫博物院图书馆，全称“新镌京板工师雕斲正式鲁班经匠家镜”，是作为《新刻石函平砂玉尺经》附书被发现的。

明万历本《鲁班经》全书三卷，有附录。原书因缺页，书名及作者也不得而知。只在卷一末的“凉亭水阁式”插图之后，有“新镌京版工师雕斲正式鲁班经匠家镜卷之一终”二十字，可推知这本书的全名。“新镌”，就是新刻的意思，这说明目前发现的万历本应当为重新刊印之本，在它之前应该还有其他版本。

卷一前半部内容散佚大半，仅存后半部分23页和插图11幅。现存的部分是从“五架后拖两架”条的“前浅后深之说乃生……”起，下有：正七架格式、王府宫殿、司天台式、寺观庵堂庙宇式、妆修祠堂式、神厨搽式、营寨格式、凉亭水阁式等8个条目。

万历本《鲁班经》与崇祯本相比，缺以下28个条目：

鲁班仙师源流、人家起造伐木、总论（论新立宅架马法）、总论（论画柱绳墨）、总论（论动土方）、起造立木上梁式、请设三界地主鲁班仙师祝上梁文、造屋间数吉凶例、断水平法、画起屋样、鲁班真尺、论曲尺、推起造何首白吉星、定盘真尺、推造宅舍吉凶论、三架屋后车三架法、五架房子格、正七架三间格、正九架五间堂屋格、秋千架、小门式、棕焦亭、造作门楼、论起厅堂门例、总论（论门楼）、郭璞相宅诗三首、五架屋诸式图、五架后拖两架。

从卷一残存的的条目和插图与崇祯本及清本相校，内容相同，可以推知前面缺失的内容，也应和崇祯本相同。因此，根据崇祯本，我们可以大致推知万历本《鲁班经》卷一自"鲁班仙师源流"起，至"凉亭水阁式"的全貌：

鲁班仙师源流、人家起造伐木、总论（论新立宅架马法、净尽拆除旧宅倒堂竖造架马法、坐宫修方架马法等等及修造起符法）、总论（论画柱绳墨）、总论（论动土方、定磉扇架吉日、竖柱吉日、上梁吉日、拆屋吉日、盖屋吉日、泥屋吉日、开渠吉日、砌地吉日、结砌开井吉日、论逐月甃地结天井砌阶基吉日）、起造立木上梁式、请设三界地主鲁班仙师祝上梁文、造屋间数吉凶论、断水平法、画起屋样、鲁班真尺及诗八首、论曲尺、推（论）起造何（向）首合白吉星、定盘真尺、推（论）造宅舍吉凶论、三架屋后车三架法、五架房子格、正七架三间格、秋千架、小门式、棕蕉亭、造作门楼、论起厅堂门例、总论（论门楼）、郭璞相宅诗三首、五架屋诸式图、五架后拖两架、正七架格式、王府宫殿、司天台式、装修正厅正堂、寺观庵堂庙宇式、装修祠堂式、神厨搽式、营寨格式、凉亭水阁式。

以上共计36个条目。从各条目的内容看，卷一内容实际上是民间建筑营建时如何选择吉日、祭祀、尺法、各类建筑的大木及装修技术口诀汇编，版式基本上前文后图，文中夹带着诗歌、口诀，这适合民间工匠传诵的要求。

卷二首尾齐全，有条目63个，插图30幅，版面排列基本是前文后图。内容按性质可分为三个部分：

一为建筑、畜栏部分，共12个条目：仓敖式、桥梁式、郡殿角式、建钟楼格式、建造禾仓式、五音造牛栏法、五音造羊栈格式、马厩式、猪椆样式、鹅鸭鸡栖式、诸样垂鱼正式、驼峰正格。插图11幅。

二为日用家具部分，共34个条目：屏风式、围屏式、衣笼样式、大床、凉床式、禅床式、禅椅式、镜架式及镜箱式、雕花面架式、桌、八仙桌、小琴桌式、棋盘方桌式、圆桌式、一字桌式、折桌式、搭脚仔凳、衣架雕花式、素衣架式、面架式、校椅式、板凳式、琴凳式、杌子式、大方杠箱样式、衣橱样式、衣箱式、烛台式、学士灯挂、香几式、药橱、药箱、柜式。插图16幅。日常生活所必需的家具基本都有了，是研究明代家具极为珍贵的材料，也是《鲁班经》的精华所在。

三为生活器物部分，共17个条目：牙轿式、风箱式、鼓架式、铜鼓架式、花架式、凉伞架式、食格样式、衣摺式、圆炉式、看炉式、方炉式、香炉样式、招牌式、洗浴坐板式、火斗式、象棋盘式、围棋盘式。插图3幅。

版面基本上是前文后图。卷尾有“二卷终”字样。

卷三共12页，内容为起造房屋吉凶图例或称相宅秘诀，有71个图例，形式为上图下诗文，内容为兴建的大门、院落、建筑与周围的建筑、道路、山石、流水等环境相配的吉凶问题。卷尾有“鲁班经三卷终”六字。

附录有6项内容，分别为：

1. 唐李淳风“代人择日”故事，两页。

2. 禳解类：有8页，在建造完工后如认为有某些不吉，则设置如“瓦将军”、“泰山石敢当”等镇邪物禳解，共12项。

3. “鲁班秘书”有7页，27项内容，为魇镇与禳解之术，即工匠在施工中将某种书画、器物暗藏在建筑中某处，则认为会对主人带来长寿、财运、登科等吉运或凶死、官司、败家等凶祸，其中有的对主人有利，有的对主人不利，给主人心理上造成很大的压力。说明在营建过程中，主人和土木工匠之间有矛盾，用这种手段来解决。

4. “鲁班秘符”一道，占1页；“灵驱解法洞明真言秘书”，占15页，具体为工完禳解咒符一道、家宅多祟禳解灵符12道、解诸物魇禳万灵圣宝符2道。目的是为房主解救帮忙，用这些符咒魇镇禳解。

5.《新刻法师选择记》，明钱塘胡文焕德父校正，占9页，指导人们如何选择趋吉避凶的吉日。

6. 置产室起工动土、造地基，散页2，内容是营造房舍如何选择吉日有关。

刘敦桢先生认为，这些附录并非此书的内容，而属“误装于此书内”。此可为一说。也有学者认为，上述6项内容虽然庞杂，但其内容却都是与房屋营建活动有关的五行阴阳、风水择吉的条文、段落，因此象是有意识从各有关书籍中摘录出来，作为附录订于书后的。

万历本《鲁班经》在各种版本中，到目前为止是最早的，也是最重要的一个版本，为后来各种版本所宗。万历年间，正是明式家具取得辉煌成就的时期。万历本《鲁班经》比较真实地描绘了各种家具的形态，所绘桌、椅等家具图样，与现存明式家具几无二致；万历间，又是江南雕版印刷高度发达的时期，因此，万历刻本无论图式还是雕刊都十分精美，成为现存最好的刻本。

（二）明崇祯本

明崇祯本《鲁班经》，现收藏于国家图书馆，全名“新镌京板工师雕斲正式鲁班经匠家镜”，首页上署名“北京提督工部御匠司司正午荣汇编，局匠所把总章严仝集，南京递匠司司承周言校正”。本书首尾齐全，没有虫蛀、脱页，是现存各版本中最完整的一部。

正文三卷，卷首置图一幅。卷一先言伐木，下接总论、结天井砌阶基吉日、起造立木工梁式等和三屋后车三架法、五架房子格、正七架三间格、五架房子格、正九架五间堂屋格、秋千架以及亭、门楼、厅堂、宫殿、寺观庵堂、祠堂、营寨、凉亭、水阁等格式，设建筑剖面图；

卷二述桥梁、钟楼等造法和屏风、围屏、牙轿、衣笼、大床、凉床、藤床、禅椅、镜架、镜箱、雕花面架以及花架、交椅、八仙桌、琴桌等日用家具44种，插图29幅；

卷三将万历本“房屋布局吉凶七十一例”更名为“再附各款图式”，一图配一诗，最后附“鲁班仙师源流”。

书后附有“真言秘书”、“禳解符咒”、“灵驱解法洞明真言秘书”等。全书除书名与万历本有些许差异外，卷二家具器用条目中还增加了算盘、手推车、踏水车、推车四条外，书名、条款编排顺序及文字等均与万历本相同。

崇祯本图文远不及万历本精美，且讹误较多，插图粗糙，人物姿态僵硬，但其展现了《鲁班经》的全貌，补齐了万历本卷一所缺，故后世清刻本多依照其刻印。

崇祯本的被发现，可以说明：第一，最晚在明末，民间尚有完整的万历刻本在流行，使崇祯本可以据以翻刻。第二，崇祯本虽在内容上小有增加，但基本以万历本为底本已经定型。因此完整的万历刻本，大致应当就是我们看到的崇祯本的样子。

（三）清代的版本

清代至民国间《鲁班经》的版本很多，然大体都以万历本、崇祯本翻刻。有的书名稍有变异，有的分卷有变化，有的删去部分插图，有的订正了夺误，但有的却又新添讹误，插图草率甚至误刻。值得一提的是，清代版本卷一、二与图例鱼尾多署“鲁班经”三字，以后民间遂称此书为《鲁班经》。这里介绍几种：

1. 燕京本

为北京大学所藏，书名“新刻京版工师雕斲正式鲁班经匠家镜”。三册装，没有封面，卷前扉页插图和“鲁班仙师源”两页的右上方，有“怀德堂印”朱印一方，第一、二册鱼尾署“鲁班经”。

卷一自“人家起造伐木”起，至“凉亭水阁式”止，水阁插图后有“新刻京版工师雕斫正式鲁班经匠家镜卷之一终”二十字。各条目顺序与崇祯本同。

卷二自“仓敖式”起，至“各款图式”止，最末有“鲁班经二卷终”六字。与崇祯本相较，又增加了“茶盘托盘棕式”、“牌扁式”条目。把原来属于崇祯本卷三内容的“起造房屋吉凶图式”改为“再附各款图式”而并入卷二。

第三册鱼尾署“秘诀仙机”，不列卷。内容自“唐李淳风代人择日”起，止于“诵雷经”。

此书从文字、插图看，是根据崇祯本翻刻，但文字误讹甚多，插图十分草陋，且多刻误，当是晚清翻刻本。

2. 南工本

为南京工学院（东南大学）所藏，书名同燕京本。共三卷，鱼尾署“鲁班经”。附录“灵驱解法洞明真言”、“鲁班秘书”和“秘诀仙机”等，鱼尾署“秘诀仙机”。本书据崇祯本翻刻，但错讹增多，插图也刻得草率。家具插图与崇祯本同，但家具形象和结构关系多有刻误。

3. 科图本

为中国社会科学院所藏，全名“工师雕斲正式鲁班木经匠家镜”。有卷首“修造各图”、三卷正文及附录，作者署名与崇祯本同。卷首及三卷正文鱼尾皆署“鲁班经”。卷之一自“鲁班仙师源流”起，止于“凉亭水阁式”。卷之二从“仓敖式”起至“牌匾式”止。卷之三为“相宅秘诀”。附录为“灵驱解法洞明真言”和“秘诀仙机”，鱼尾署“秘诀仙机”。本书据崇祯本翻刻，与北京大学藏本一样，增加“茶盘托盘样式”、“牌扁式”等条目，删去“唐李淳风代人择日”条目。有以下几点值得注意：第一，书名有所改动，前面去掉“新镌京版”四字，“鲁班经”改为“鲁班木经”；第二，书中文字经过校勘，部分订正了崇祯本的讹误。第三，将原书的插图大量删减，仅存24幅，其中家具插图只剩大床和镜架两幅，并且把图都集中到书的前面，形成卷首，新立标题“修造各图”，所选插图还基本忠实于原刻本。

4. 同治本

为中国科学院所藏，书名与科图本同。书的封面有“同治庚午秋刊”六字（“同治庚午”为公元1870年），右下角有“扫叶山房督造书籍”印文。该书正文三卷，鱼尾署“鲁班经”，附录“灵驱解法洞明真言”、“秘诀仙机”。鱼尾署“秘诀仙机”。此书当从科图本翻刻，只是插图更为草率而已。

5. 宣统庚戌石印本

此为私人藏书，每面18行，每行40字，封面署名“绘图鲁班经”，“校经山房石印”，正式书名是“新镌工师雕斲正式鲁班木经匠家镜”。其最大特点，是除有卷首插图及三卷正文外，另增一卷，也就是把别种版本的附录收入“卷四”。卷首至卷三的书鱼署“鲁班经匠家镜”，卷四署“秘诀仙机”。这个版本的插图最草率，且有明显错误。

除上面提到的几个版本外，尚有各种翻刻本、石印本流布，大抵自万历本、崇祯本衍出，只是大多镌刻潦草，错讹通篇，就不一一介绍了。

《鲁班经》与《鲁般营造正式》的内容相比，最大的差异在数量上。《鲁班营造正式》虽分为六卷，但条目内容上仅局限于《鲁班经》的卷一。《鲁班经》除包括《鲁般营造正式》的全部内容外，新加入大量的内容，包括：(1) 鲁班仙师源流，即鲁班的生平传略，作为书名的缘起或依据；(2) 增加当时民间常用的生活家具、日用器具，作为木工技术范围的扩大延伸；(3) 带有术数元素的房屋布局吉凶（即风水）及关于房舍营建活动各工序的吉日选择（择吉）；(4) 关于营建活动中的各种祭祀、魇镇、禳解方面的内容。尤其后两项内容的增加，反映了随着时代和社会风气的变迁，民间木工匠师出于职业竞争要求，他们的工作范围有所扩大，由只进行民间营建工作，扩大到兼顾营建和风水择吉等。

除了内容数量上的差异，在传抄过程中一些文字和插图也发生了较大的变化。先说文字。比如《鲁般营造正式》第一页：“金安顿、照退官符、三煞，将人打退神杀，居者永吉也”，变为“……金安顿、照官符、三煞凶神，打退神杀，居者永远吉昌也”；“请设三界地主鲁般仙师文”变为“请设三界地主鲁班仙师祝上梁文”；“三煞”改成了“三煞凶神”；“永吉也”改成了“永远吉昌也”；“仙师文”改成了“仙师上梁文”。类似这些语言表达上的变化很多。

再说插图：《鲁班经》成书时，把《鲁般营造正式》一书的原来插图全部废弃不用，重新绘刻。这虽在绘图、镌刻等技法上比原插图高超得多，但却出现因时间隔得太远，后人因对之前的建筑不理解而绘刻错者。

如“秋千架”图，《鲁般营造正式》中的秋千架为省略栋柱（或称中柱）的结构方式，原图异常明晰，后来的《鲁班经》诸版竟绘为真实的秋千架，距原意相差太远。“小门式”一图两版本也相差甚远。

最后谈一下《鲁班经》的作者问题。从崇祯本开始，《鲁班经》所有版本中，除去未有标注的，其余版本均标注为“北京提督工部御匠司司正午荣汇编，局匠所把总章严仝集，南京递匠司司承周言校正”，所不同之处只是有的版本将之置于“鲁班仙师源流”前，有的版本将之置于“鲁班仙师源流”后，而在卷一之前，还有一些版本在两位置均注有。那么，这三人是否可以确定是《鲁班经》的编撰者呢？

遍查史料，午荣等三人的生卒年及事迹皆不详，是否“御匠”亦不可考，不能不令人生疑。所以有学者认为，此三人名皆为真实编撰者的假托之名。刘敦桢先生说：“根据明史职官志推测，上述官职‘御匠司’或是营缮司的俗名，或系军工临时机构，否则明代官职名称中不见其职。”同济大学博士包海斌在其《〈鲁班经匠家镜〉研究》也推断，这是“民间匠人为了提高书的权威性，而委托官匠身份所作”。

不论此三人名是否为假托，“汇编”“集”这样的用词，却是恰当的。从内容风格来看，《鲁班经》既不是个人专著，也不是集体撰述，而只是由当时流传于民间匠师间的一些抄本、口诀加以搜集摘抄编集而成，与《营造法式》那样的官式营造书完全不同。一般匠师文化水平有限，要编撰图书存在很大的困难，需要文人的参与主持，而从书中诸多讹误与前后不一之处来看，编撰者应是无太多营造实践经验的文人。如编撰者真的是主管营建的职官，当熟悉营造技艺，不致出现错漏讹误。所以，认为此书假托官匠身份所作的推断可以说有一定的道理。

《鲁班经》流传地区及其影响

《鲁班经》来源于民间匠师的实际经验，它的服务对象是民间建筑，是工匠实际操作的手册。它记录了民间建筑营建的全过程，内容有相地、选择（择时）、营建尺法、一些重要建筑及家具尺度、各工序开工时的请神祭祀仪式、完工时的禳镇方法等等，加上工匠师徒间在长期劳作中传授的做法规矩等内容，这些都是官书中所找不到的建筑经验。长期以来，匠师们根据它在各地创造出了丰富多彩的民间建筑。比起像《营造法式》、清工部《工程做法则例》那样的官式营造书，《鲁班经》的受众更大，影响面更广。它所介绍的形式和做法，在东南沿海各省的民间建筑中，至今仍可看到某些痕迹；所介绍的家具，很多也可以在这些地方见到；鲁班真尺的运用方法，民间工匠仍在遵循使用。

刘敦桢《鲁班营造正式》一文指出："明中叶以来，以长江中下游为中心传布于附近诸省，影响所及几与官书《做法则例》处于对立的地位。"

陈耀东先生的《〈鲁班经匠家镜〉研究》也认为，《鲁班经》中的做法规矩，应是从明代起在南方流传的民间建筑做法的一种。陈耀东先生不仅对福建、广东地区的民间住宅有过深入的研究，其《〈鲁班经匠家镜〉研究》一书细致分析了《鲁班经》的记载与福建、广东甚至台湾地区民间住宅营建的关系。书中指出，闽南、粤东及台湾的民间传统住宅建筑有一套完整的做法规矩，其原则与内容均与《鲁班经》的规定相同，有的就是沿着《鲁班经》的规定而有发展。如在决定建筑方位时，部分地区将房主的生辰与之结合，对奇数特别重视，等等。

清末苏州地区著名的"香山帮"匠人，其历代匠师传授的木工技艺依然与《鲁班经》中的许多记载吻合，其中著名的一代宗师姚承祖所作《营造法原》，其记载的诸多民间营建技术、营建步骤、营建歌诀等均与《鲁班经》的记载大同小异。包海斌曾对其记载的屋架形式与《鲁班经》中的记载做过详细的对比，认为两者记述的屋架做法虽略有不同，但最后形成的屋架形式特征比较相近。

依据现存的实物和资料考察，可以认定《鲁班经》的主要流传范围，大致为安徽、江苏、浙江、福建、广东一带。其在明代后期之后的盛行，与当时这些南方沿海地区经济的繁荣、人口剧增、民间建筑营建的普遍活跃关系紧密。这些地区的明清民间木构建筑，以及木装修、家具保存了许多与《鲁班经》的记载吻合或相近的实物，甚至保存若干宋、元时期的手法、特点，当地匠师口中的风水歌诀均与《鲁班经》的记载一致或有相近之处，可见《鲁班经》在这些地区影响之深远。

《鲁班经》是研究我国传统建筑和家具的必读书。尤其古代流传下来的民间工匠职业用书，唯此硕果仅存。举凡研究建筑和家具的学者，都对此书非常重视，细致钻研并撰写文章解读、推荐。其研究价值，大致可以体现为以下几个方面：

首先，可以让我们了解古代民间匠师的业务范畴，工程进行中涉及的问题，所安排的仪式和程序以及某些行帮规矩。这些程序中，一些虽无技术意义，如符咒、择吉、祝禳，但可以了解当时的社会文化和习俗对于建筑营造的影响。还有一些，含有一定的科学成分，譬如施工从后步柱起始，入仓必须脱鞋。其叙述的整个施工过程，如备料、架马、画起屋样、画柱绳墨、齐木料、动土平基、定磉、扇架、竖柱、上梁、折屋、盖屋、泥屋、开渠、砌地面、砌天井阶级，等等，也是符合施工本身的顺序规律的。

从技术上看，《鲁班经》记录了当时常用构架形式，如“五架房子”、“正七架三间”、“正九架五间”等基本形式，以及一些建筑部件的名称和做法要点。同时还记录了一些建筑的成组布局及各部位的名称，如：祠堂的明楼、茶亭、走马廊、中门、耳门、寝堂之类。依据这些，我们可以判断建筑型制的沿革和年代。

《鲁班经》本身最有价值的部分，是关于家具和日用器物的记载。《鲁班经》是记载我国传统家具尤其是明清家具制造的硕果仅存的一部古籍。《鲁班经》成书于明朝万历年间，正值传统家具的制作高峰，当时绘制、雕刻图式的技术已有相当高的水平，所以书中清晰地描绘了三十四种家具的形状，几乎涵盖了全部明代家具的内容。因此，这本书对我们今日研究传统家具和指导家具生产，都有非常重要的意义。

三、营造工具与尺法

我国有句名言："工欲善其事，必先利其器。"在建筑营造业方面，自古以来工匠对所用工具就十分讲究。鲁班之所以被尊为木工行业的祖师爷，一个重要原因，就是传说他发明了这个行当中的许多重要工具。因此《鲁班经》在卷一"请设三界地主鲁班仙师祝上梁文"和"造屋间数吉凶例"之后，紧接着介绍水鸭子、鲁班真尺、曲尺、定盘真尺等工具。这些物件都是施工中的必需品。尤其是鲁班尺，几百年来在民间匠师中名头之响亮，不在《鲁班经》之下。

断水平法

《鲁班经》中有"断水平法"一条，其文云：

> 庄子云："夜静水平。"俗云，水从平则止。造此法中立一方表，下作十字拱头，蹄脚上横过一方，分作三分，中开水池，中表安二线垂下，将一小石头坠正中心水池，中立三个水鸭子，实要匠人定得木头端正，压尺十字不可分毫走失。若依此例，无不平正也。

遍查《庄子》，不见"夜静水平"之语。只在《天道》篇有句话："水静则明烛须眉，平中准，大匠取法焉。"意思是说，水在静止时便能清晰地照见人的须眉，水的平面合乎水平测定的标准，高明的工匠也会取之作为水准。这很有可能就是"夜静水平"的出处。这句话，也是在强调"水从平则止"的自然原理，即水流向平面时则会静止。

断水平法，就是在建筑营造时，判断水平位的方法。古代的工匠并不像现在，有精密的水平仪器，但他们从“水从平则止”的自然原理悟出了办法。定平用水，是我国自殷商以来的传统方法，而《鲁班经》中则把它更进一步地发展和提高。其做法，就是在房屋中心位置立一方表，下面做个十字拱头，蹄脚上横过一根木方，分作三部分，中央开凿水池，将方表立于正中心，标杆上拴两根线垂下来，将一小石头坠向中心的水池，水中置放三个“水鸭子”。在这个过程中，一定要把木头定得端正，十字压尺不可有分毫走失。依照这种方法去测量，没有不平正的。这段文字中，“表”的做法与定盘真尺（详见后介绍）有相似之处，都是垂直于横木的竖木。由此可以推知：至迟在明中叶，在用水池抄平的同时，也用类似定盘真尺的方法抄平。

在李诫《营造法式·定平之制》中已经有相同的规定：

> 既正四方，据其位置，于四角各立一标；当心安水平。其水平长二尺四寸，广二寸五分，高二寸；下施立桩，长四尺，上面横坐水平。两头各开池，方一寸七分，深一寸三分。身内开槽子，广深各五分，令水通过。于两头池子内，各用水浮子一枚。方一寸五分，高一寸二分；刻上头令侧薄，其厚一分；浮于池内。望两头水浮子之首，遥对立标处于标身内画记，即知地之高下。凡定柱础取平，须更用真尺较之。其真尺长一丈八尺，广四寸，厚二寸五分；当心上立标，高四尺。于立标当心，自上至下施墨线一道，垂绳坠下，令绳对墨线心，则其下地面自平。

按《营造法式》中所说的“立表”，即《鲁班经》中的“方表”，也叫“水绳”（《鲁般营造正式》）；“水浮子”，即《鲁班经》中的“水鸭子”。“水鸭子”是浮在水面上的小木块，用以校正地面水平。近代测量仪器上用密封气泡调整水平面的原理，就是由此沿变而来。

断水平法之后紧接“画起屋样”，相当于规划和绘制建筑蓝图的工作，虽然不是介绍建筑工具，但图样的性质同工具一样，都是建筑的依据，所以这里也顺带介绍一下：

木匠接（《鲁般营造正式》为“按”）式，用精纸一幅画地盘阔狭深浅，分下间架或三架、五架、七架、九架、十一架，则随主人之意。或柱柱落地，或偷柱及梁栟使过步梁、眉梁、眉枋，或使斗磉者，皆在地盘上停当。

古代建筑绘图，有的绘在纸上，但民间大多绘在主管大匠房间的地上或墙上，所以叫作地盘。其“式”，为民间房屋通用穿逗式构架的基本形式。所谓偷柱，是指房屋梁下木柱较短，不能从地平面直接至梁，须在柱下垫石或砖，这就叫作偷柱，即宋式的“减柱造”。柱柱落地，指每檩之柱皆落地。梁栟，为柱上承栋之横木，即梁。过步梁，宋称乳栿，承两檩。眉梁，即月梁，承三檩以上。斗磉，即石柱础。画起屋样，就是把屋样（即建筑设计图）画在一幅精纸上、木板上或墙壁上，内容包括房屋的宽窄深浅，并随业主的意思分出间架或三架、五架、七架、九架、十一架；要么柱柱落地，要么使用偷柱及梁栟的方法，以及使用梁楣、斗、磉等构件，这些内容即包括今天的平面图及剖面图，用来指导施工。

类似的，唐柳宗元在《梓人传》里提到：“画宫于堵，盈尺而曲尽其制，计其毫厘而构大厦，无进退焉。”这是一种在白粉墙上所作的施工大样，用墨斗引垂线，下垂重物，用曲尺作水平线。《营造法式·举折之制》中则称之为“定侧样”或“点草架”。

明代的《园治》是我国古代留存下来的唯一一部园林著作，其“屋宇篇”中有“地图”条目说：“凡匠作，止能式屋列图，式地图者鲜矣。夫地图者，主匠之合见也。假如一宅基，欲造几进，先以地图式之。其进几间，用几柱着地，然后式之，列图如屋。欲造巧妙，先以斯法，以便为也。”其后“地图式”中又说：“凡兴造，必先式斯。偷柱定磉，量基广狭，次式列图。凡厅堂中一间宜大，傍间宜小，不可匀造。”这里所述与《鲁班经》画起屋样的原理大致相同。“欲造巧妙，先以斯法，以便为也”，这就是画起屋的作用所在。

鲁班真尺

在营修建造之时，尺、规之类的工具必不可少。《鲁班经》介绍了一种尺子，它的作用并不是简单的丈量高度或长度，还有“择吉避害”的效果：尺子的刻度数字有吉有凶，修造器物的尺寸，绝对要符合吉利数字的位置，而不要落在凶害数字的位置上。数百年来，这种尺被木匠奉为金科玉律一般的工具，直至今日，仍见于用传统方法修建房屋之时。这就是大名鼎鼎的鲁班尺（也称“鲁般尺”）。

相传远在春秋末期，鲁班发明了一种用以求直角的曲尺（又称矩尺），被誉为“万家不差毫厘”（《中国古代度量衡图集·序》），可惜大约在汉代就失传了（但汉以后木工所用尺度仍被称为鲁班尺）。失传的原因，据考大致有两个：一是公元前221年，秦始皇统一全国后，立即推行“法度衡石、丈尺，车同轨、书同文字”，将六国各种尺度全部废除，仅规定了一种丈尺。二是王莽篡汉后一改汉制，制造并颁发了一批度量衡标准器，这批器物制作精致，单位量值略小于秦制。上述两次改制，致使最早的鲁班尺失传。此后各朝代对于尺度的使用和发展，逐渐形成由官方制定的官尺和民间流传的私家尺两大类，这种情况一直持续到唐代。

唐代鉴于南北朝以来，常用尺度自由发展和私造且不合格的混乱现象，作出明文规定与限制，强调必须“加盖印署后方准使用”（《唐律疏议·杂律》），规定每年校正一次。此后，历代官方制定的官尺都沿用唐制，基本上是统一的。

但到了宋代，又开始出现区域性的私家尺。出现最早的是江浙一带的浙尺和淮尺。到了明朝，私家尺的使用不仅普遍，而且种类繁多，其中流传至今的鲁班尺式就是属于私家尺的一种。

这种用于择吉避害的鲁班尺，最早的记载见于南宋陈元靓所编《事林广记》。其“别集”卷六（“林别六”）“算法类”有“鲁般尺法”一节：

《淮南子》曰：鲁般即公输般，楚人也，乃天下之巧士，能作云梯之械。其尺也，以官尺一尺二寸为准，均分为八寸，其文曰财、曰病、曰离、曰义、曰官、曰劫、曰害、曰吉，乃北斗中七星与辅星主之。用尺之法，从财字量起，虽一丈十丈皆不论，但于丈尺之内量取吉寸用之；遇吉星则吉，遇凶星则凶。亘古及今，公私造作，大小方直，皆本乎是。作门尤宜子细。又有以官尺一尺一寸而分作长短寸者，但改吉字作本字，其余并同。

《鲁般营造正式》中关于鲁般尺的记载为：

鲁般尺乃有曲尺一尺四寸四分；其尺间有八寸，一寸准曲尺一寸八分；内有财、病、离、义、官、劫、害、吉也。凡人造门，用依尺法也。假如单扇门，小者开二尺一寸，压一白，般尺在义上；单扇门开二尺八寸，在八白，般尺合吉；双扇门者用四尺三寸一分，合三绿一白，则为本门在吉上；如财门者，用四尺三寸八分，合财门吉；大双扇门，用广五尺六寸六分；合两白，又在吉上。今时匠人则开门四尺二寸，乃为二黑，般尺又在吉上；五尺六寸者，则吉上二分加六分，正在吉中为佳也。皆用依法，百无一失，则为良匠也。

《鲁班经》中的“鲁般真尺”一条，记载与上大同小异：

按鲁般尺乃有曲尺一尺四寸四分，其尺间有八寸，一寸准曲尺一寸八分。内有财、病、离、义、官、劫、害、本也。凡人造门，用依尺法也。假如单扇门，小者开二尺一寸，一白，般尺在义上。单扇门开二尺八寸在八白，般尺合吉上。双扇门者，用四尺三寸一分，合四禄一白，则为本门，在吉上。如财门者，用四尺三寸八分，合财门吉。大双扇门，用广五尺六寸六分，合两白，又在吉上。今时匠人则开门阔四尺二寸，乃为二黑，般尺又在吉上。及五尺六寸者，则吉上二分，加六分正在吉中，为佳也。皆用依法，百无一失，则为良匠也。

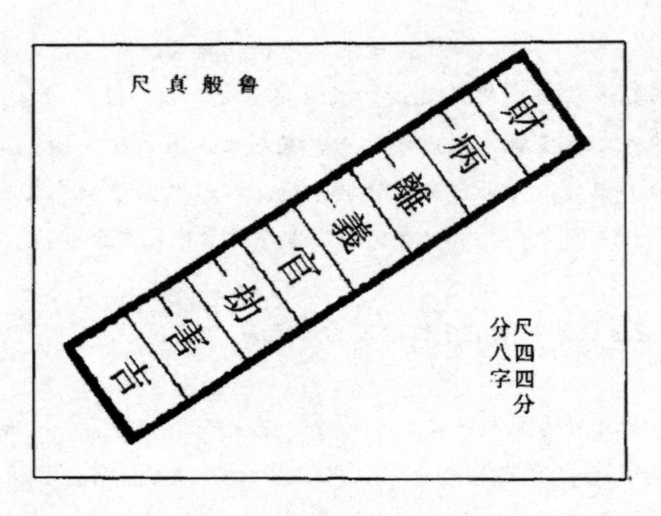

鲁般真尺

这里实际上提到了两种尺。一种尺即“鲁般真尺”（鲁般尺），另一种是曲尺（后文详述）。古人主要用鲁般尺来量定裁度门户，认为按此尺丈量确定门户，可以光耀门庭，所以又名“门光尺”。曲尺一尺为十寸，实际上就是标准尺。鲁般尺一尺为八寸，但一寸相当于曲尺一寸八分，所以鲁般尺一尺相当于曲尺一尺四寸四分；而以一寸八分作为一个单节，并将总长一尺四寸四分除以一寸八分，共得八个单节，即“尺间有八寸”，每寸上写着一个字，即财、病、离、义、官、劫、害、吉（也称“本”），代表不同的吉凶意义，其中财、义、官、吉（本）四字为吉，病、离、劫、害四字为凶。《鲁班寸白集》解释这八字说：

财者财帛荣昌，病者灾病难免，
离者主人分张，义者主产孝子，
官者主生贵子，劫者主祸妨蔴，
害者主被盗侵，本者主家兴崇。

《鲁班经》中也有“鲁般尺诗”八首，详解了各字寸的吉凶意义：

财字

财字临门仔细详，外门招得外财良，
若在中门常自有，积财须用大门当。
中房若合安于上，银帛千箱与万箱，

木匠若能明此理，家中福禄自荣昌。

病字

病字临门招疫疾，外门神鬼入中庭，
若在中门逢此字，灾须轻可免危声。
更被外门相照对，一年两度送尸灵。
于中若要无凶祸，厕上无疑是好亲。

离字

离字临门事不祥，仔细排来在甚方，
若在外门并中户，子南父北自分张。
房门必主生离别，夫妇恩情两处忙。
朝夕士家常作闹，悽惶无地祸谁当。

义字

义字临门孝顺生，一字中字最为真，
若在都门招三妇，廊门淫妇恋花声。
于中合字虽为吉，也有兴灾害及人，
若是十分无灾害，只有厨门实可亲。

官字

官字临门自要详，莫教安在大门场，
须防公事亲州府，富贵中庭房自昌。
若要房门生贵子，其家必定出官廊，
富家人家有相压，庶人之屋实难量。

劫字

劫字临门不足夸，家中日日事如麻，
更有害门相照看，凶来叠叠祸无差。
儿孙行劫身遭苦，作事因循害邻家，
四恶四凶星不吉，偷人物件害其他。

害字

害字安门仔细寻，外人多被外人临，
若在内门多兴祸，家财必被贼来侵。
儿孙行门于害字，作事须因破其家，

良匠若能明此理，管教宅主永兴隆。

吉字

吉字临门最是良，中宫内外一齐强，

子孙夫妇皆荣贵，年年月月在蚕桑。

如有财门相照者，家道兴隆大吉昌，

使有凶神在傍位，也无灾害亦风光。

本门诗

本字开门大吉昌，尺头尺尾正相当，

量来尺尾须当吉，此到头来财上量。

福禄乃为门上致，子孙必由好儿郎，

时师依此仙贤造，千仓万廪有余粮。

《象吉备要通书》卷二十三云："凡遇起造及开门高低，皆在此上做门，须当对奏鲁班尺八寸合吉字，则吉者造宅。"造门时，一般要使门（高、宽）的尺寸压在财、义、官、吉等字的尺度上。但吉凶也并不是绝对的，吉字寸上并非皆吉，凶字寸上并非皆凶，还要看安门对象身分如何。如"义"字门安在廊门和都门上为凶，庶民百姓安"官"字门亦为凶。反之，"病"字门虽凶，但用在厕所门上反能化凶为吉。

从"鲁般真尺"图可以看到，尺中吉凶文字是相间出现的，即两端的一、八寸和中间的四、五寸为吉，就是说吉凶寸排列是对称的，尺寸无论从财字或吉（本）字起量，吉门恒为吉，凶门恒为凶，故无论从财字量起，还是从吉（本）字量起皆可。

那么为什么是八寸，而不是其他的数字，比如七寸或九寸？据说这来源于古老的八卦之数。在我国，数目"八"长期被看作是象征财运亨通、吉祥美好的数字，其八寸尺"八"的用意就在其中。

有些鲁般尺除了标有八字，还在一寸的横栏上标注为"一白木"，二寸的横栏上标注为"二黑土"，依此则为三碧木、四禄木、五黄火、六白金、七赤金、八白木。三个字意蕴丰富，包含了洛书、九宫、五行之类的内容。以"一白木"为例，"一"为洛书中的一宫，方位为北；"白"则是九宫飞白的颜色，与九宫相配（详后文）；木则是九星（详后文）中贪狼星的五行属性，其他类推。

了解其原理后，再来推算本书所举门尺寸例，就可以知其吉凶。如上引《鲁班经》一段记述中，对当时民间几种开造较为普遍的单扇门、双扇门以及当时匠人在造门之前测量门面时使用的具体数据作了详细的记载，反映出这与鲁般尺财、义、官、本互相对照合吉，与曲尺（标准尺）的一白、二黑、四绿、九紫四种吉色和大吉色三白互相对照合吉。以小单扇门为例，曲尺为二尺一寸，除以一寸八分，约等于鲁般尺的 11.67 寸。再用 11.67 除以 8，约等于 4，鲁般尺的第四个字是“义”字，即为“义”字门，吉。上文中举七种门为例，包括二尺一寸、二尺八寸的单扇门，四尺二寸、四尺三寸一分、四尺三寸八分、五尺六寸、五尺六寸六分的双扇门，将其折算后，可证字字均为吉门，见下表：

门名称	营造尺	折合门光尺	所余尾数	合何八字
小单扇门	2.10	11.67	3.67	义
大单扇门	2.80	7.56	7.56	吉
小双扇门	4.20	23.33	7.33	吉
	4.31	23.94	7.94	吉
	4.38	24.33	0.33	财
大双扇门	5.60	31.11	7.11	吉
	5.66	31.44	7.44	吉

《事林广记》“用尺定法”一节，将所列建筑门尺度不仅列成表，为了便于记忆，又编成歌：

一寸合白星与财，
一尺六寸合白财，
二尺八寸合白吉，
五尺六寸合白吉，
七尺八寸合白义，
六寸合白又合义，
二尺一寸合白义，
三尺六寸合白义，

七尺一寸合白吉，

八尺八寸合白吉，

一丈一寸合白财，

推而上之算一同。

实际上，在漫长的流传过程中，由于时代与地域的差异，鲁般尺的尺度也是有所变化的。如在《事林广记》中，鲁般尺合官尺一尺二寸，本身分为八“寸”，这一“寸”合官尺一寸五分；在《鲁般营造正式》和《鲁班经》中，鲁般尺合官尺一尺四寸四分，本身仍分八“寸”，这一“寸”合官尺一寸八分。显然，后者较前者增大。《鲁班经》所记述的尺型，后来沿袭不变，直至近代，凡是使用鲁般尺，基本同此。

不过到了今天，许多鲁般尺在规格上已经与早先的鲁般尺有所出入。时下流行的鲁般尺普遍采用的是42.9厘米制或是50.4厘米制。而据上述记载，鲁般尺（门光尺）等于1.44标准尺，以明清标准尺长32厘米计算，则门光尺＝1.44×32＝46.08厘米，误差在0.5厘米以内。原北京故宫博物院修缮处工程师赵崇茂老先生手中有一把鲁般尺，尺长一尺四寸四分，即为46.08厘米；北京故宫博物院里现存有一把鲁般尺，长46厘米，宽5.5厘米，厚1.35厘米，也可资验证。

这里顺便介绍一下北京故宫博物院的这把鲁般尺。这把尺宽5.5厘米，厚1.35厘米，尺的两个大面均划分为八格，两面格中分别写有：

正面：

财木星　病土星　离土星　义水星

官金星　劫火星　害金星　吉金星

背面：

贵人星　天灾星　天祸星　天财星

官禄星　独孤星　天贼星　宰相星

每个大格的两边又各分五个小格，小格中分别写有与大格文字涵义相应的“发财”、“富贵”、“贼盗”、“疾病”等或吉或凶的语句。

鲁般尺主要用途就在于丈量门的尺寸。古代营建房舍，造门安门是举足轻重的事，须慎之又慎。有一句俗语这么说：“宁造十家坟，不造一家门。”这是因为，在古代风水理论中，门的作用在于撷取清虚横行的天地之气，也就是所谓的“门气”。《崇厚录·阳基章》写道：“阳宅作在地上，不专以地气为用，兼取门气。盖清虚之让，气本横行，门户一启，气即从门而入。”《阳宅大成》卷二也有云：“门如人之首体，统关乎一身。如人之口，出纳关乎五脏。”在“天人合一”的观念中，住宅以大门为气口，纳气则吉，衰气则凶。门户得体，顺应天地造化，不悖自然规律，就能同人们生存其间的“气”取得和谐；否则，“乖气则致戾”，家道就会衰落。而门的尺寸则关涉这一切。

尤其在明清时期，随着风水的盛行，重建宅舍，讲求宅门的选择一时蔚然成风。宅门修建的式样、选料、设置方位、四周环境等等，都有严格的规定。如宅门：“内外端正，乃招福禄。丰盈左右，均平决主，家门亨泰。”（《宅谱迩言》）所以，在造宅门时，要选用上等木料做门枕筹头。在造门之前，要选择吉月、吉日。在临造门时，要丈量门框的尺寸是否合“吉”。造门用尺的选用，就显得十分重要。此时，鲁般尺式就派上了大用场。

鲁般尺（门光尺）不仅在民间的修造营建中流行，且直接影响了皇家建筑。清代工部《工程做法则例》卷四十装修做法中，就开列出一百二十四种按门光尺裁定门口的尺寸，分为“添财门”三十一个，“义顺门”三十一个，“官禄门”三十三个，“福德门”二十九个，与门光尺中的财、义、官、吉四字相同。其中所列门口尺寸均以门光尺排出。

鲁般尺（门光尺）所设刻度只有字句、判词，其高度量法是：竖用尺，自下而上丈量。所以一尺一寸，二尺一寸，三尺一寸……及至十尺以上各尺中的一寸，均压在“福德门”上；四寸压在“官禄门”，五寸压在“义顺门”，八寸压在“添财门”上……这种自下而上的丈量方法，其理论系源于《易经》爻、卦的产生形成之理。《易经》认为世间万物，地为母，故其生与长均自下而上，植物最明显，动物亦然，低者下也，高者上也。所以八卦的三爻或重卦的六爻，最下面的为一爻，又称作“初爻”，其爻之数序均自下而上。确定门、窗、器物尺度也应当顺其生长之序丈量，压在吉字上确定宽度同样如此。

不过，鲁般尺虽亦名门光尺，却不仅用于造门，其他建筑和器物的制造也与之有关。如明代风水著作《阳宅十书》记载：“海内相传门尺数种，屡经验试，惟此尺为真。长短协度，凶吉无差。盖昔公输子班，造极木作之圣，研穷造化之微，故创是尺。后人名为‘鲁班尺’。非止量门可用，一切床房器物，俱当用此。一寸一分，均有关系者。”故宫藏鲁般尺侧面也有字句云：“阳宅门主灶院天井，高低宽长俱要合吉星，此为上吉之宅。”这说明其测量的范围扩大到了庭院的尺度。

曲尺

从《事林广记》《鲁般营造正式》《鲁班经》的记载中，我们都可以看到，民间匠师在实际营造中，是把鲁般尺和曲尺结合起来用的。

曲尺，古称“矩”，是一种L形的木工匠师度量用尺，在《事林广记》中叫“飞白尺”，后又称为“压白尺”、“营造尺”，是专门用来定房屋高低、阔狭、进深及梁柱各种尺度的。

曲尺一般短边是刻度十寸，每寸十分。长边尺、寸、分刻度与短边相同，但总长度各地不一，最长者不超过短边二倍。由于历史及地区不同，各时期，各地区的营造尺量度很不一致。据华南理工大学建筑系程建军的调查及吴承洛著《中国度量衡史》所载：每一营造尺合公制尺，最短的为27.50厘米，最长的是北京和西安，为32厘米。此量度标准为宫式建筑用尺，其余小于这个量度单位的系民间用尺。

《鲁班经》论曲尺云：

> 曲尺者，有十寸，一寸乃十分。凡遇起造经营，开门高低、长短、度量，皆在此上。须当凑对鲁般尺八寸吉凶相度，则吉多凶少。为佳匠者，但用仿此大吉也。

这就是说，曲尺和鲁般尺是结合“凑对”使用的。那么，具体如何结合使用呢？我们先来了解一下曲尺的寸位原理。

曲尺的寸位以洛书九宫、紫白九星为依据，以星序定寸位，九星占九寸，分别为一白、二黑、三碧、四绿、五黄、六白、七赤、八白、九紫九星，后来又有十进制，十个寸分别为一白、二黑、三碧、四绿、五黄、六白、七赤、八白、九紫、十白（或一白）。

所谓紫白九星，就是一白水星、二黑土星、三碧木星、四绿木星、五黄土星、六白金星、七赤金星、八白土星、九紫火星，因为九星中紫白色最多，故称为“紫白九星”。古代风水学认为，紫白九星，实际上是紫白九气，它们的气场性质不同。紫白九星并不是静态的，而是动态的，各有特定的内涵，各司其职，并按照一定的轨迹不停地运转，星移斗转，带来了气场和时空的变换。

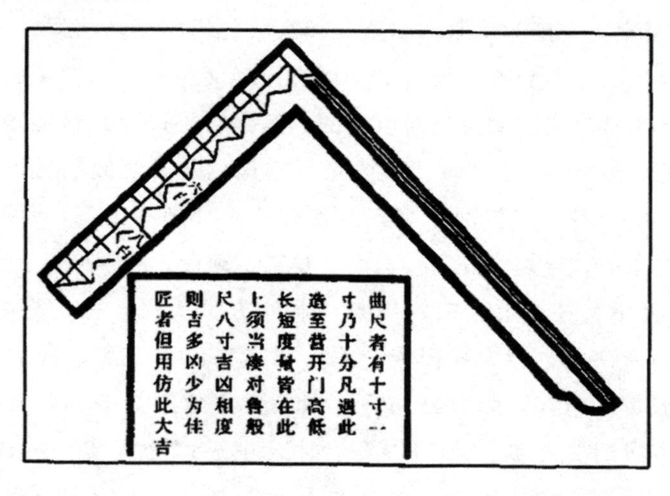

曲尺之图

九星的说法出自道家的天文理论，清代江永的《河洛精蕴》说：“九星出于北斗，北斗九星，一枢、二璇、三玑、四权为魁，五衡、六开阳、七摇光为杓。开阳、摇光之旁有小星，左为辅，右为弼，合为九星。”也就是说，九星来源于天文学中的北斗星。在古代，北斗星的第一颗叫天枢，第二颗叫天璇，第三颗叫天玑，第四颗叫天权。此四颗星连成一个方形的斗，统称为魁。第五颗叫玉衡，第六颗叫开阳，第七颗叫瑶光，此三颗连成一线，好似勺子的柄，统称为杓。在开阳、瑶光旁边还有两颗较暗的小星，左边的叫辅，右边的叫弼，这样北斗七星加上辅弼二星，共为九星。

古代风水家由此演变出贪狼、巨门、禄存、文曲、廉贞、武曲、破军、左辅、右弼九星，并将九星的次序以洛书九宫为基础推排。洛书九宫的顺序即歌诀所说的："戴九履一，左三右七，二四为肩，六八为足。"这实际上也就是用后天八卦方位来分布，即一白在坎为贪狼，二黑在坤为巨门，三碧在震为禄存，四绿在巽为文曲，五黄中央为廉贞，六白在乾为武曲，七赤在兑为破军，八白在艮为左辅，九紫在离为右弼。又以它们的次序和形态配以五行方位，即：生气贪狼星属木，延年武曲星属金，天医巨门星属土，辅弼二星属木，五鬼廉贞星属火，绝命破军星属金，祸害禄存星也属土，六煞文曲星属水。古代有风水歌诀可概括九星的五行方位："生气贪狼是木星，延年武曲本属金。天医巨门原属土，辅弼二星属木行。五鬼廉贞原属火，绝命破军同属金。祸害禄存又属土，六煞文曲水上行。"风水家又认为贪巨武辅弼是相互生助的，故为吉星；而破禄文廉四星则是相互克制的，故为凶煞。（古代八宅派风水根据八卦之间的五行生克关系定出四吉方位和四凶方位两个组。四吉方位，分别叫生气、延年、天医、伏位。四凶方位，分别为五鬼、六煞、祸害、绝命。）

《奇门遁甲》按洛书九宫、后天八卦的方位次序，将九星配入八门，以坎方休门为一白，坤方死门为二黑，震方伤门为三碧，巽方杜门为四绿，廉贞五黄入中宫，乾方开门为六白，兑方惊门为七赤，艮方生门为八白，离方景门为九紫。八门以开、休、生三门为大吉门，休为一白，开为六白，生为八白，所以三白之方为大吉方；以景门为小吉，景为九紫，故为小吉方。由此，择吉家就以紫白飞到的年月日时为吉日，其方为吉方。

年月日时均有紫白，但其取法各有不同。现在分别介绍如下：

（1）年紫白

年紫白的推算，我们可以依据以下的歌诀："上元一白起甲子，中元四绿中宫始。下元七赤居中位，年顺星逆皆由此。"

所谓上元、中元、下元，即三个甲子。按歌诀，上元从一白开始起甲子，逆数。也就是说，上元甲子年是一白入中宫，乙丑年是九紫入中宫，丙寅年是八白入中宫……逆数到二黑再循环。

中元从四绿开始起甲子，逆数。也就是说，中元甲子年是四绿入中宫，乙丑年是三碧入中宫，丙寅年是二黑入中宫……逆数到五黄再循环。

下元从七赤开始起甲子，也是逆数。也就是说，下元甲子年是七赤入中宫，乙丑年是六白入中宫，丙寅年是五黄入中宫……逆数到八白再循环。

(2) 月紫白

月紫白的推算以年干支为主，我们可以依据以下的歌诀："子午卯酉八白宫，辰戌丑未五黄中。寅申巳亥何方法？正月二黑是真宗。"

"子午卯酉八白宫"，是说凡是遇到子午卯酉年的，都从八白艮宫起正月逆飞，月顺数星逆数。如求1996（丙子）年的各月紫白星，则从正月在艮宫起八白，二月在兑宫七赤，三月在乾宫六白，四月在中宫五黄，五月在巽宫四绿，六月在震宫三碧，七月在坤宫二黑，八月在坎宫一白，九月在离宫九紫，十月在艮宫八白，十一月在兑宫七赤，十二月在乾宫六白。周而复始。

"辰戌丑未五黄中"，是说凡是遇到辰戌丑未年，就从五黄中宫开始起正月逆飞，二月到四绿巽宫，三月到三碧震宫，四月到二黑坤宫，五月到一白坎宫，六月到九紫离宫，七月到八白艮宫，八月到七赤兑宫，九月到六白乾宫，十月又到五黄中宫，十一月到四绿巽宫，十二月到三碧震宫。

"寅申巳亥何方法？正月二黑是真宗。"是说凡是逢到寅申巳亥之年的，则从二黑起正月，月顺星逆，二月到一白，三月到九紫，四月到八白，五月到七赤，六月到六白，七月到五黄，八月到四绿，九月到三碧，十月到二黑，十一月到一白，十二月到九紫。

(3) 日紫白

日紫白的推算也有歌诀可依据："日家紫白不难求，二十四气六宫周。冬至雨水及谷雨，阳顺一七四中游。夏至处暑霜降后，九三六星逆行求。"

推算日紫白星，可把一年的二十四个节气分成两组，以冬顺夏逆为原则，也就是冬至后求值日星入中宫一律顺行，夏至后求值日星入中宫一律逆数。

"冬至雨水及谷雨，阳顺一七四中游"中，所谓三时，即冬至、雨水、谷雨三时，这三个时都是甲子日入中宫，逐日顺数，则可知其余的星数；而甲子日入中宫的，就分别是一白星、七赤星、四绿星，这就是所谓的一、七、四。也就是说，冬至后到雨水前的甲子日是一白星入中宫顺飞，乙丑日是二黑星入中宫，丙寅日是三碧星入中宫……雨水后到谷雨前的甲子日是七赤星入中宫顺飞，乙丑起八白，丙寅起九紫……谷雨后到夏至前的甲子日是四绿入中宫顺飞，乙丑起五黄，丙寅起六白……依此类推。

"夏至处暑霜降后，九三六星逆行求"，是说夏至后到处暑前的甲子日是九紫入中宫逆飞，乙丑起八白，丙寅起七赤……处暑后到霜降前的甲子日是三碧入中宫逆飞，乙丑起二黑，丙寅起一白……霜降后到冬至前的甲子日是六白入中宫逆飞，乙丑起五黄，丙寅起四绿……依此类推。

日紫白九星值日表

顺逆	中　气	紫白星
阳局顺飞	冬至——公历 12 月 21 日至 23 日	一二三四五六七八九
	雨水——公历 2 月 18 日至 20 日	七八九一二三四五六
	谷雨——公历 4 月 19 日至 21 日	四五六七八九一二三
阴局逆飞	夏至——公历 6 月 21 日至 23 日	九八七六五四三二一
	处暑——公历 8 月 23 日至 25 日	三二一九八七六五四
	霜降——公历 10 月 23 日至 25 日	六五四三二一九八七

（4）时紫白

推算时紫白星是最难的，不过也有歌诀可以依据："时家紫白最妙玄，需知二至与三元。冬至三时一七四，四孟宫中顺而全。夏至九三六星逆，九星挨巽震排之。顺逆两般如日起，戌丑亥寅一般施。"

最关键的是，要把一年二十四节气的冬至与夏至阴阳划分开来，以冬至以后，夏至以前这段时间为阳，顺数；以夏至以后冬至以前这段时间为阴，逆数。

冬至后，一直到夏至前这段时间，凡见子午卯酉日（也叫"四孟"之日）的子时，都以一白星入中宫，丑时为二黑星入中宫，寅时为三碧星入中宫……一律顺数。夏至后，一直到冬至前的子时，都以九紫星入中宫，丑时八白星入中宫，寅时七赤星入中宫……一律逆数。

冬至后，一直到夏至前这段时间，凡见辰戌丑未日（也叫"四季"之日）的子时，都以四绿星入中宫，丑时五黄星入中宫，寅时六白星入中宫……一律顺数。夏至后，一直到冬至前的子时，都以六白星入中宫，丑时五黄星入中宫，寅时四绿星入中宫……一律逆数。

冬至后，一直到夏至前这段时间，凡见寅申巳亥日（也叫“四仲”之日）的子时，都以七赤星入中宫，丑时八白星入中宫，寅时九紫星入中宫……一律顺数。夏至后，一直到冬至前的子时，都以三碧星入中宫，丑时二黑星入中宫，寅时一白星入中宫……一律逆数。

时紫白飞星速查表

时辰	子午卯酉日		辰戌丑未日		寅申巳亥日	
	冬至后	夏至后	冬至后	夏至后	冬至后	夏至后
子时	一白	九紫	四绿	六白	七赤	三碧
丑时	二黑	八白	五黄	五黄	八白	二黑
寅时	三碧	七赤	六白	四绿	九紫	一白
卯时	四绿	六白	七赤	三碧	一白	九紫
辰时	五黄	五黄	八白	二黑	二黑	八白
巳时	六白	四绿	九紫	一白	三碧	七赤
午时	七赤	三碧	一白	九紫	四绿	七赤
未时	八白	二黑	二黑	八白	五黄	五黄
申时	九紫	一白	三碧	七赤	六白	四绿
酉时	一白	九紫	四绿	六白	七赤	三碧
戌时	二黑	八白	五黄	五黄	八白	二黑
亥时	三碧	七赤	六白	四绿	九紫	一白

紫白九星之法运用到曲尺上，其量尺顺序，是按九星之自然顺序，从一寸白星起量，取吉原则以三白九紫为吉，其余各星皆凶。《事林广记》对此有详细记载：

《阴阳书》云：一白、二黑、三绿、四碧、五黄、六白、七赤、八白、九紫，皆星之名也。惟有白星最吉。用之法，不论丈尺，但以寸为准，一寸、六寸、八寸乃吉。纵合鲁般尺，更须巧算，参之以白，乃为大吉。俗称之“压白”。其尺只用十寸一尺。

这一尺法，又称为“紫白法”、“压白法”。曲尺被称为压白尺，即由此而来。《阴阳书》由唐代吕才编撰，成书约在贞观年间。由此可以推测，压白尺法在唐代其应用已经很广泛，其后流传下来。《鲁般营造正式》的“三架屋后连一架法”、“五架房子格”、“正七架三间格”、“正九架五间堂屋格”诸条，其柱高尺寸，可以明确地看出尾数是合于“压白”之法的。其中“五架房子格”的说明中，更明确地提示：“此皆压白之法也。”在明清，这一尺法不仅在民间广泛运用，且直接影响了皇家建筑，然在实际运用中按礼制和等级，有所区别。如山西永济永乐宫三清殿与有名的北京天安门相比，二者虽与紫白相吻合，但永乐宫三清殿则是处处与一、六、八三白相合，而天安门则多是九紫与五黄，因九五两数暗合九五之尊，有至高无上之意。

压白又有寸白和尺白之分。《事林广记》所引记载即为寸白之法。按前文提到的吉凶法则，其中一白（贪狼）、六白（武曲）、八白（辅星）为吉，九紫（弼星）为小吉，其余各星皆为凶。《鲁班经》中有“曲尺诗”云：“一白惟如六白良，若然八白亦为昌，但将般尺来相凑，吉少凶多必主殃。”

万历本《鲁班经》原图

尺白则为九星与五行相配，即贪狼木、巨门土、禄存金、文曲水、廉贞火、武曲金、破军金、左辅土、右弼土，其中左辅、右弼、武曲、贪狼、巨门为五吉星，破军、禄存、廉贞、文曲为四凶星。

寸白是确定寸单位吉凶的方法，尺白则是确定尺单位吉凶的方法。一般说来，宫殿庙宇及大型民居“尺白”、“寸白”都用，普遍民居只讲“寸白”，如《鲁班经》中就是只用“寸白”的，这与建筑的规模大小有关，也因匠师流派不同因地而异。

尺白、寸白又有天父卦、地母卦之别。其中天父卦尺白、寸白确定的是垂直方向上（建筑、器物高度）的尺寸大小，地母卦尺白、寸白确定的则是水平方向上（建筑、器物、门户进深与面宽等平面尺度）的尺寸大小。

为了便于流传和记忆，尺白、寸白的使用方法都变成了口诀。其中天父卦、地母卦尺白口诀具体为：

天父卦

乾右弼，离破军，兑贪狼，震巨门，巽廉贞，艮武曲，坎文曲，坤禄存。

地母卦

艮贪狼，巽巨门，震廉贞，兑武曲，乾禄存，离文曲，坎破军，坤右弼。

天父卦、地母卦寸白口诀具体为：

天父卦

乾四绿，震七赤，巽五黄，坎二黑，坤三碧，兑九紫，艮六白，离八白。

地母卦

乾一白，离二黑，震三碧，兑四绿，坎五黄，坤六白，巽七赤，艮八白。

在具体的应用中，尺白、寸白并不是简单的选取紫、白吉星，而是依据建筑的坐朝方向来推算出来的，有的在此基础上还要以九星的五行属性与房屋朝向的五行属性相配来进一步筛选吉利尺寸，相生或比和者为吉，相克者为凶。

如何推算建筑坐朝方向呢？在古代建筑中，确定一个建筑的方位，有一个坐山朝向的概念。所谓山，就是背后的靠山。所谓坐山朝向，就如同一个人一样，有前胸就有后背，都有前后，前面是朝向，后面就是坐山。如我们常说一个屋子是坐北朝南的，这里北方就是坐山，南方就是朝向。

古代风水是讲吉凶的，而吉凶又主要是与方位联系在一起的。所以，坐山与朝向是风水学的两个关键概念，不论阴宅还是阳宅，皆根据坐山与朝向，运用风水之法来定其吉凶。那么，一共有多少坐山朝向呢？通常人们会说“四面八方”，这“八方”指的就是东、西、南、北，再加上东南、东北、西南、西北。将周围三百六十度划分开来看，八个方向各占四十五度。而风水学分得更详细，又把上述八方中的每一方划分为三个方面，共有二十四个方向，俗称二十四山，每一山各占十五度，又合称二十四山向。

在古代风水学中，二十四山向是用八天干、十二地支和四维卦来表示的，从正北的子山开始，依次是子、癸、丑、艮、寅、甲、卯、乙、辰、巽、巳、丙、午、丁、未、坤、申、庚、酉、辛、戌、乾、亥、壬。二十四山配上后天八卦方位，称“纳甲法”，可决定某个朝向的八卦属性，具体为：

乾纳甲

坤纳乙

坎纳癸子申辰

离纳壬寅午戌

巽纳辛

艮纳丙

震纳庚亥卯未

兑纳丁巳酉丑

如一座建筑朝向为正东，则坐山为正西，可知坐山为酉山，称酉山卯向，坐酉山属兑卦。

了解了坐山朝向的八卦属性，就可以按尺白、寸白的口诀来推算合吉尺度。口诀中，尺白天父卦的“乾右弼”，意为建筑方位的乾卦是从右弼星的位置开始为1尺的；寸白天父卦的“乾四绿”，意为建筑方位的乾卦是从四绿开始为1寸的，其他以此类推。

比如建筑方位为坐北朝南，按二十四山向，则称为“子山午向”，属于坎卦。根据尺白、寸白的口诀，可知其天父卦从“坎文曲”起算1尺，由“坎二黑”起算1寸；地母卦从“坎破军”起算1尺，由“坎五黄”起算1寸。按九星及九宫（色）的顺序结合坎卦的起算尺寸，可得下表：

子山尺白吉利数

九星	贪狼	巨门	禄存	文曲	廉贞	武曲	破军	左辅	如弼
天父卦				1	2	3	4	5	6
（尺）	7	8	9	10	11	12	13	14	15
地母卦							1	2	3
（尺）	4	5	6	7	8	9	10	11	12

子山寸白吉利数

宫色	一白	二黑	三碧	四绿	五黄	六白	七紫	八白	九紫
天父卦		1	2	3	4	5	6	7	8
（寸）	9								
地母卦					1	2	3	4	5
（寸）	6	7	8	9					

在表中，尺白的合吉尺寸为：与左辅、右弼、武曲、贪狼、巨门五吉星相应的尺位为吉，其余为凶；与一白、六白、八白、九紫相应的寸位为吉，其余为凶。如：天父卦中的尺位上的3尺、5尺、6尺、7尺、8尺、1丈2尺、1丈4尺、1丈5尺、1丈6尺、1丈7尺等为吉，余为凶；寸位上的5寸、7寸、8寸、9寸等为吉，余为凶。地母的尺位上2尺、3尺、4尺、5尺、9尺、1丈1尺、1丈3尺、1丈4尺等为吉，余为凶；寸位上2寸、4寸、5寸、6寸为吉，余为凶。这就是压白之法。

不过，这样求出的吉利数只是初步的推算，还不能直接用于建筑设计的尺度上，需要经过五行生克的配合，方能确定最后可以使用的吉利数字。由于五行生克理论比较繁琐，且经过筛选后的吉尺寸数量会很少，大大限制了建筑尺寸的选择范围，因此在实际的应用当中，一般将五行生克一项省去，或不论房屋坐山朝向如何，便直接取用天父卦尺白、寸白口诀和地母卦尺白、寸白口诀所确定的吉尺寸。

另外，前面说过，曲尺与鲁般尺在古代是配合作用的。《鲁班经》说："凡人造宅开门，须用准合阴阳，然后使尺寸量度，用合财吉星及三白星为吉，其白外但得九紫为小吉。只要合鲁班尺与曲尺上下相同为好。"这是说，双尺在使用时，上下对照，曲尺经过一番复杂推算出来的尺白与寸白上的合吉尺寸，还得与鲁般尺中的财、义、官、吉等吉寸重合，才算合格。这种要求鲁般尺、曲尺两种尺法都要逢吉，在设计上难度太大，所以后世不少地区就把它简化了：鲁般尺仅用在门上，建筑上压白即可；更有甚者，建筑尺度也不一定压白，只要符合传统规定即可。据调查，闽南过去在民间建筑中，不仅使用"寸白"，而且曾使用过"尺白"；不仅在分项尺寸上要求压白，而且在总尺寸上也要求压白，然后再凑对鲁般尺的财吉星，这样人为地大大增加难度，所以后来就逐渐淘汰了尺白。除造门外，也就不再去凑对鲁般尺了。更进一步简化寸白，不考虑八卦属性，仅在寸位上用一、六、八、九寸即可。

根据程建军先生的调查，压白尺法在广东潮汕地区建筑营造中得到过广泛应用，如潮州许驸马府便是一个很好的例证。明清两代的许多官宅、民居的实测尺寸与压白尺法所确定的吉尺寸相吻合，而且至今仍在延续。粤东、闽南、浙江、江苏、江西、安徽、河北、台湾等地均用或用过压白尺法设计房屋，其空间流布范围很大。

九天玄女尺

除了鲁班（般）尺、曲尺，《鲁班经》还提到一种九天玄女尺法，其原文为：

按九天玄女装门路，以玄女尺算之，每尺止得九寸有零，却分财病离义官劫害本八位，其尺寸长短不齐，惟本门与财门相接最吉。义门惟寺观、学舍、义聚之所可装，官门惟官府可装，其余民俗只装本门与财门，相接最吉。

九天玄女为道教中的神仙名。这种尺法，在多种文献中均有记载，《克择便览》中的记载与《鲁班经》相同；《八宅造福周书》上卷中“尺法”一节也提到：“一曰子房尺、二曰曲尺、三曰鲁班尺、四曰玄女尺，尺具九寸……”可知当时流传有四种尺法，玄女尺即为其中之一。

从《鲁班经》的记载来看，可知这种玄女尺止九寸长，仍分八字，各寸长短不齐，并且其财、义、官、本都有各自的适用范围，限制似乎更严。除此之外，对这种尺法再没有任何说明。而《事林广记》的“玄女尺法”一节记载更详细一些：

《灵异记》曰：玄女，乃九天玄女。造此尺专为开门设。湖湘间人多使之。其法以官尺一尺一寸为准，分作十五寸，亦各有字用之法，亦如用鲁般尺。遇凶则凶，遇吉则吉；其间尺有田宅、长命、进益、六合、旺相、玄女六星吉，余并凶。

其所谓十五寸的各寸字语为：田宅、疾病、长命、少亡、外家、招害、孤寡、官非、须劫、进益、十恶、外姓、六合、旺益、玄女。

值得注意的是，《事林广记》指出玄女尺的流行地域是“湖湘间”，即长江中游一带，和鲁般尺是完全不同的另一系统。可知在宋代，各地木工的讲究规矩是不统一的，且各有一定的地域范围。鲁般尺虽最为流行，但地域范围主要是长江下游和东南沿海，后来也到达北京一带（明清北京的重要匠师常征调自江南一带），然而，明代玄女尺仍保持自己的势力范围。因此，《鲁班经》才说：“大抵尺法各随匠人所传，术者当依《鲁般经》尺度为法。”

开门步数

《鲁班经》“论开门步数”条还提到了一种特殊的测量尺度——步，其原文如下：

> 宜单不宜双。行惟一步、三步、五步、七步、十一步吉，余凶。每步计四尺五寸，于屋檐滴水处起步，量至立门处，得单步合前财义官本门，方为吉也。

所谓“开门”，不是指门的高低宽狭，而是指宅门与建筑之间的距离。如住宅前有场院，院周有墙（或建筑），院的前面有大门，此条目中即指大门（门中心）与住宅前屋檐滴水处之间的距离。不仅从立门处到屋檐滴水处用此步计量，就是天井、阳埕（闽、粤民间住宅前面的场院，当地称“埕”，地面一般铺条石）等露天空间进深，也以步数计量。

“步”为我国旧制长度单位。古代曾以八尺、六尺或五尺为步，如《礼记·王制》载“古以八尺为步”，《管子》、《司马法》及《史记·秦始皇本纪》等均说“六尺为步”，清代规定五尺为步。这里提出四尺五寸为步，又是一种步的长度，有“宫步”之说。今闽、粤民间木工仍用四尺五寸为一步。

所谓“宜单不宜双”，单即奇数，被认为属阳，是吉祥的数；双是偶数，属阴，忌用。这一说法，源于洛书与《易经》。《易经·系辞传》提到数字的阴阳属性：“天一、地二、天三、地四、天五、地六、天七、地八、天九、地十。”在洛书图中，白圈一、三、五、七、九为奇数，代表阳，天象；黑圈二、四、六、八为偶数，代表阴，地象。因此，步喜单数，不喜双数。古代风水有歌诀说：“一步青龙多吉庆，二步朱雀起官灾，三步端正招吉事，四步灾祸动瘟疫，五步贪狼金贵吉，六步灾祸动相当，七步金堂多福禄，八步瘟痨是伤残，九步兴旺主富贵，十步冷落损财丁，十一步大旺田蚕发，十二步又是两重丧……”

步数的具体测量，还应注意“步宜初交，不宜尽步”。所谓初交，即四尺五寸算一步，如果四尺八寸八，刚过一步就算二步，谓之初交。如某宅天井进深是一丈八尺六寸，折合步数是四步零六寸，虽跨入五步范围仅六寸，也称为五步，或者说初交五步。如果其天井深为二丈二尺五寸，则恰是五步，但又界于与六步之间，已至不吉之步，故不用尽步。

只有在单步的范围内，再凑对鲁般尺的吉字如财、义、官、本，这样的距离才是合吉的。

需要注意的是，有些屋宅台阶较高，其台阶之数一阶为一步，也喜单不喜双，作用与宫步同。

据陈耀东先生的调查，闽粤民间住宅建筑根据《鲁班经》的这条规定，决定埕的纵深。不过《鲁班经》的规定是要求在单步的范围内，再凑对鲁般尺的吉字，而闽南民间建筑则仅要求在单步的范围内压白即可。

定盘真尺

《鲁班经》还介绍了一种测量地基水平的工具——定盘真尺。如原文如下：

> 凡创造屋宇，先须用坦平地基，然后随大小阔狭安磉平正。平者，稳也。次用一件木料，长一丈四五尺，有嶎长短在人。用大四寸，厚二寸，中立表。长短在四五尺内实用，压曲尺端正两边，安八字，射中心。上系一线，重下吊石坠，则为平正直也，有实据可验。
>
> 诗曰：世间万物得其平，全仗权衡及准绳。创造先量基阔狭，均分内外两相停。石磉切须安得正，地盘先宜镇中心。定将真尺分平正，良匠当依此法真。

所谓磉，即柱下石礅（石柱础）。这里说明了校核相邻两个磉石是否同在一水平上的方法。其大致为：先择取平坦的地方挖掘地基，然后根据地基面积的大小长宽，把柱础石安放平正。石礅平正了，木柱就立得稳了。然后用一根木料，长一丈四五尺，或随房主的意思决定其长短。又做一块剖面大四寸、厚二寸的木块，在中央设立一根四五尺长的“表”（一根方木），两木相交成T字。然后压上曲尺以端正两边，使成直角，用两根斜木如八字形将表木与横木固定，在表木中弹直线与下面横木垂直。然后在表木中央用线系石坠，使坠线与中表木原来所弹的墨线相重，即知底下的横木是水平的。

这根长一丈四五尺的木料（相当于一般民间住宅的一间宽），就被称作“真尺”。有论者认为，这里的“真”字应作“直”字解释，故真尺也就是直尺。真尺之制，在李诫《营造法式》中有图并作具体规定说：“凡定柱础取平，须更用真尺较之；当心上立表高四尺，于立表当心自上至下施墨线一道，垂绳坠下，令绳对墨线心则其下地面自平。”其方法与《鲁班经》所载基本相同。

四、建筑构造与形制

从建筑的角度来说，作为一本民间工匠的职业用书，《鲁班经》保存了当时大量的民间营建制度与技术做法，可以说是当时民间建筑营建制度的记录。其中有施工的详细步骤，有木工的匠作制度，如营建尺法的运用，有各种常见建筑的构造形式，有建筑大木作的主要尺度，也有各种门的尺度等等，从中可以看出当时民间建筑的概貌。

我们可以从《鲁班经》中大致整理出建房的工序：伐木（备料）、拆屋（施工准备、拆除旧屋和平整场地）、画起屋样（即建筑规划设计）、画柱绳墨、兴工动土、定磉扇架、竖柱、上梁、盖屋、泥屋、砌地、砌天井、砌阶基、装修等等，这种顺序制度，在今天看来也是既全又合理，今天各地民间建筑营建仍遵循此工序制度。

除了介绍建筑营造工具的使用，《鲁班经》中对建筑材料（主要是木材）的应用取舍也有规定，如在“入山伐木法”中云，“匠人入山伐木起工，且用看好木头根数，具立平坦处斫伐，不可了草”；造牛栏时，规定上下枋用圆木，不可使用扁枋，椽子千万不可使损坏；制药箱时，箱中要用杉木板片合进，切忌杂木；造钟楼时，四柱并用浑成梗木，等等。

当然，从内容来看，传授具体的建筑技术细节，并不是《鲁班经》的成书意图，因此它面虽广但深度不足。全书记述各种构造形制的建筑，仅在第一卷中有 16 条，第二卷中有 10 条，共 26 条，其中有尺度的仅有 11 条，且多是局部尺寸。其对建筑的具体介绍，也仅是民间建筑，且仅记述单体建筑，没有群体的内容；对大木作的介绍非常简单，除柱高、段深、面阔外，对构件本身的尺度（如直径、高宽）及结构做法等只字不提，也未提及是否出檐和出檐多少，也不提门窗的做法等，这些却又是工匠所应掌握知晓的基本常识。我们只能推断，真正具体的民间建筑技术规定做法，只是师徒间通过长期的劳作用心传口授的办法表达和传承，而不在书中呈现。

不过，其中也有许多从民间实作中得出的经验做法。如民间有“门宽二尺八，死活一齐搭”之说，在《鲁班经》中就规定了单开大门的尺寸应为二尺八寸，这样使搬运家具及抬轿、抬棺材等都能进出。此外，为了适合传诵的要求，其中还采用了不少属于通俗口语的诗句或歌诀，从而能记易懂。

《鲁班经》中所述，有许多是属于术数类的内容，但在某些规定做法中却也有一定的道理，如造仓廒时“门要成对，切忌成单”，又造牛栏时要“在人屋之畔，或是二间、四间，不得作单间”，“门要向东，切忌向北”，这是因为牛性怕寒，所以牛栏要建在住房东首，门开东向朝阳，可以使牛温暖，减少疾病。又如在施工时应该注意的事项，如在建造仓廒的时候，不可柱枋上留字、留墨，这样就能保持建筑物梁柱的清洁；在造作场上切忌将墨斗签在口中衔，又忌在造作场之上吃诸物；其仓成后安门，匠人不可穿草鞋入内，只宜赤脚进去修造。进入粮仓不许吃食物，不许穿草鞋，这是为了防止带入虫卵及其他污秽物，防止残留食物的变质发生霉菌，以免有害粮仓的储存。

《鲁班经》中还提出了不少古代建筑类型的名称，如：建筑屋架有三架屋、三架后拖一架、五架房、正五架三间、五架三间后拖一架、五架三间后拖两架、正七架、正九架五间堂、十一架及秋千架等不同形式，还有小门式、棕焦亭、门楼、凉亭水阁、王府宫殿、司天台式等不同使用性质的建筑类型，有的还有做法及尺度；在装修条中，有正厅、两廊等名词；关于门的种类有正大门、次二重（门）、第三重（门）、大户门、中户门、小户门、庶人门、山门、前三门、胡字门、如意门、古钱门、方胜门，等等；在构件方面，有步柱、仲柱、正柱、转身柱、一穿枋、腰枋、地栿、抱柱、前楣、后楣、磉、栏杆、窗齿，等等；线脚方面有抱柱线、荷叶线、棋盘线、聪管线，等等。以上这些虽然远不能反映一个时代、一个地区建筑的全貌，但毕竟有一些可靠的主要建筑类型、构件名称等可供我们参考，其中大多名称做法仍然流传至今天。

民间屋宅构造形制

在明清时期的民间建筑中，以屋架结构的架数多少来区分建筑的大小，而形成一定的格式。《鲁班经》中介绍的屋架建筑类型主要有以下几种：正三架、三架后车三架，这是其中最小最简单的建筑，多作大门及次要建筑用；正五架、五架后拖一架、五架后拖两架等，是民间大量使用的形式，可作小宅的正房或大型建筑中的次要用房；正七架、正九架五间格等是大型建筑的形式，多作大型建筑的正房。《鲁班经》对一些格式提出了柱高、段深及面阔等主要的基本尺度，其中也有最小和最大的尺度。虽然其中掺有不少阴阳吉凶之说，但无疑是造作屋宇最为需要的。

三架屋后车三架法

造此小屋者，切不可高大。凡步柱只可高一丈零一寸，栋柱高一丈二尺一寸，段深五尺六寸，间阔一丈一尺一寸，次间一丈零一寸，此法则相称也。

诗曰：

凡人创造三架屋，般尺须寻吉上量。

阔狭高低依此法，后来必出好儿郎。

架，即两柱之间的距离为一架。架数越多，进深越深。所谓三架屋，是指进深只有两步（段）的小建筑，“三架”是指有三根檩条的屋架。步柱，即檐柱。栋柱，即中柱。段深，指一间房的进深，即相邻两檩之间的水平距离，宋《营造法式》称“椽架平长”，也称“架”；《清式营造则例》称“步”、“架”或“步架”；《营造法原》称“界”；福建民间建筑称“步”。间阔，为两立柱间的距离，“间”是房间，“阔”是面阔，这里指中间（即明间）开间的面阔。次间，古代房屋建筑中，居中的开间称为明间，两端的开间称为梢间，而居于明间的左右侧，在明间和梢间之间的开间称为次间。如一栋房屋有多个次间，则可分为一次间、二次间、三次间等。

据陈耀东先生的校勘，本条目标题“三架屋后车三架”应为“三架屋后拖一架”，即是中柱前一步，中柱后两步，总进深为三步的建筑。这种建筑形式在福建闽南称为“三（架）拖一”。“后拖”为《鲁班经》中的常用词，也是我国南方民间传统住宅中常用的一种形式，即在正架式的屋架后面再增加一步（架）或两步（架）的建筑。为什么应该是“拖一架”，而不可能是“拖二架”“拖三架”呢？因为三架屋步柱高一丈零一寸，后步柱高也应如此，它们比栋柱低二尺，后拖一架，则后步柱高为八尺一寸，建筑的高度还可以；若后拖两架，后步柱高仅六尺一寸；拖三架时后步柱高仅四尺一寸，这种高度的室内空间都是不合理的。

这一条目告诉我们，建造这类小宅，所有尺度千万不要追求高大。一般情况下，步柱只可高一丈零一寸，栋柱高一丈二尺一寸，进深为五尺六寸，两柱间的距离为一丈一尺一寸，次间的宽度为一丈零一寸。用这样的尺度是十分相称的。

本条目中的歌诀指出，要创造这样的三架屋，其“阔狭高低”应在“般尺须寻吉上量”。般尺，就是鲁般尺。“须寻吉上量”，是指尺度应选择在鲁般尺中的吉字上。上一章我们已经介绍过，鲁般尺中有财、病、离、义、官、劫、害、本（或吉）八个字，其中量在财、义、官、吉等字都是吉利的，不过义字一般用在寺观学舍，民舍中只能用在厨房；官字一般平民慎用。

考察此条目中，步柱高一丈零一寸，栋柱高一丈二尺一寸，间阔一丈一尺一寸，次间一丈零一寸，都是压“一白”，段深五尺六寸，压“六白”，确实处处合紫白之法。

名称	步　柱	栋　柱	段　深	间　阔	次　间
尺寸	一丈零一寸	一丈二尺一寸	五尺六寸	一丈一尺一寸	一丈零一寸
紫白	一白吉	一白吉	六白吉	一白吉	一白吉

三架屋后车三架法（万历本《鲁班经》）

五架屋诸式图

五架梁栟或使方梁者，又有使界板者，及又槽搭栿斗磉之类，在主人之所为也。

五架，是指进深有四步架的建筑。这一条目告诉我们，建造五架屋宅有使用梁栟或用方梁的，也有使用界板的，关于使用槽搭栿和斗磉搭接之类的做法，则随主人的意愿去做了。

五架屋诸式（万历本《鲁班经》）

五架房子格

正五架三间拖后一，柱步用一丈零八寸，仲高一丈二尺八寸，栋高一丈五尺一寸，每段四尺六寸，中间一丈三尺六寸，次阔一丈二尺一寸，地基阔狭，则在人加减，此皆压白之法也。

诗曰：三间五架屋偏奇，按白量材实利宜，住坐安然多吉庆，横财入宅不拘时。

五架房子（万历本《鲁班经》）

格，即标准、规格。柱步，即步柱。“仲高”的“中”，在这里指中柱，中柱又称“脊柱”，是大殿内最主要的柱子，也是最高的柱子。栋，指房屋的正梁，即屋顶最高处的水平木梁。中间：“间”本指房间，这里指开间的面阔，中间即指中间开间的面阔，也即上下条款中所述的“中间阔”。次阔，指次间面阔。在人加减，这里的“人”，指宅主，也就是根据具体地基阔狭及财力，随宅主意愿加减。偏奇，奇即单数，被认为是阳数，吉；这里指建筑的开间、架数均为奇数，故称“偏奇”。

这一条目告诉我们，建造正五架三开间后面加拖一间的房宅，其步柱的高为一丈零八寸，中柱的高为一丈二尺八寸，栋长为一丈五尺一寸，每段为四尺六寸，居中的开间为一丈三尺六寸，次间的宽为一丈二尺一寸。地基的宽窄，可随宅主的意愿加减。这些都是与“压白”的方法相吻合的。

这里所谓的柱高、段深、面阔，实际上就是建筑的高度、进深及各开间面阔的具体尺度。“地基阔狭在人加减”，意味着匠师可以根据主人意愿，视地基情况，对标准规定的尺寸有所加减，当然原则是符合“压白”之法即可。这说明当时的民间匠师非常灵活，他们虽遵循传统的原则（包括尺度与做法），但若具体环境条件变化，却可不受传统规定的限制，只要符合某些条件，即可对规定的尺度进行加减。

“压白”之法，前章已作详述，此不赘。这一条目中所提及的所有尺寸中，步柱一丈零八寸，压八白；仲高一丈二尺八寸，压八白；栋高一丈五尺一寸，压一白；每段四尺六寸，压六白；中间一丈三尺六寸，压六白；次间一丈二尺一寸，压一白。以上均符合“压白”之法，见下表：

名称	柱　步	仲　高	栋　高	每　段	中　间	次　间
尺寸	一丈零一寸	一丈二尺八寸	一丈五尺一寸	四尺六寸	一丈三尺六寸	一丈二尺一寸
紫白	八白吉	八白吉	一白吉	六白吉	六白吉	一白吉

据考察，五架房不仅民宅中处处压白，佛寺宫殿庙宇也处处压白。如山西省五台县南禅寺大殿，从平面至中檩上高 27.9 尺，合九紫吉；进深三丈六尺，合六白吉；正间一丈八尺，合八白吉；次间一丈二尺，合二黑。该殿建于唐德宗建中三年（782 年），印证了《阴阳书》的记载，说明唐代时压白之法已为工匠广泛使用。

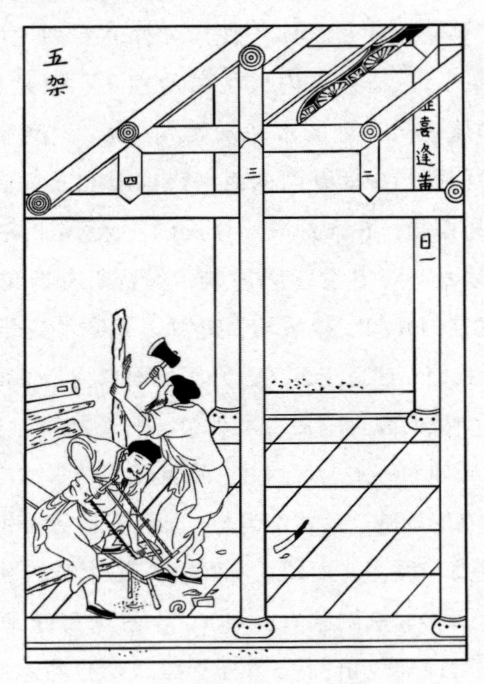

五架房子格（万历本《鲁班经》）

五架后拖两架

五架屋后添两架，此正按古格，乃佳也。今时人唤做前浅后深之说，乃生生笑隐，上吉也。如造正五架者，必是其基地如此。别有实格式，学者可验之也。

添，添加，意同“后拖”。古格，即古代的规格。前浅后深，就是以栋柱为界，划分为前后两部分，则室内中柱前的前部进深较浅，后部进深较深，这就是所谓的“前浅后深”。据陈耀东先生调查，广东民间建筑中称栋柱前面部分为“前坪”，后部为“后坪”，闽粤地区民间建筑也认为这种“前浅后深”的做法为最佳方案。

按本条目所述，所谓“五架后拖两架”，是在五架屋后增加两架，这是古时极佳的规格样式。当时的民间把这种样式叫做前浅后深，据说这样世代就会有祥瑞之气降临，是非常吉利的。如果建造正五架式房屋的，必是因其地基的深度限制才不得已而为之。

五架拖后两架（万历本《鲁班经》）

五架房是民间住宅中最为普遍使用的形式，《鲁班经》中包括正架式、后拖一架、后拖两架三种，是民间住房建筑类型中最多的。相比之下，三架房有正架及后拖一架两种；而七架、九架、十一架均仅有正架式一种。五架房适用而广，可做一般中、小户的正房、厢房，也是大宅院的厢房、附属房、门房等。

正七架格式

正七架梁，指及七架屋、川牌枡，使斗磉或柱义桁并，由人造作，后有图式可佳。

正七架，是指进深有六段的建筑。建造正七架梁的房宅，是指七架屋、川牌枡的形式，使用斗磉或柱义桁相拼接，根据宅主人的意思建造，最好有图式参考。

正七架格式（万历本《鲁班经》）

正七架三间格

七架堂屋：大凡架造，合用前后柱高一丈二尺六寸，栋高一丈零六寸，中间用阔一丈四尺三寸，次阔一丈三尺六寸，段四尺八寸，地基阔窄、高低、深浅，随人意加减则为之。

诗曰：经营此屋好华堂，并是工师巧主张。富贵本由绳尺得，也须合用按阴阳。

堂屋，即正屋。前后柱，这里是指在屋架最前面的前（檐）步柱和最后面后（檐）步柱。绳尺，指木工匠师的校、量工具绳墨和曲尺，这里比喻要遵守规矩、法度。这里指对建筑的选址、方位、开工日期等的选择决定，要符合术数中的阴阳理论。

这里强调建造正七架的房宅，其建造间架，前后柱的高度应当为一丈二尺六寸，栋高为一丈零六寸，中间的开间宽度应为一丈四尺三寸，次间的宽度应为一丈三尺六寸，段为四尺八寸。地基的宽窄、高低、深浅，可随宅主的意思或加或减。

据陈耀东先生考察，上面三架、五架的条款文字叙述中，几个具体尺度的叙述顺序是：先述柱高（高度），次为段深（进深），最后是面阔。在近代福建、广东民间建筑中仍遵循此规定，即在建筑设计中，先定“天父”（即建筑物的高度），再定“地母”（建筑物的平面尺度）；而地母又先决定进深，再定面阔。所以本条款的“段深”一句应在“面阔”之前，“柱高”之后。

《鲁班经》对七架及七架以上的建筑均没有提及后拖架的做法，但前述三架及五架均有后拖的做法，且书中还提出“前浅后深”的原则，再是闽粤及江南广大的民间建筑中，均有大量大进深用前浅后深做法的实例，所以陈耀东先生认为，七架及以上的建筑应有前浅后深（后拖）的做法。

以紫白理论来考察这一条目中的所有尺寸，除了中间一丈四尺三寸为三碧凶之外，其余均合压白，其前后柱高度一丈二尺六寸、栋高一丈零六寸、次间宽度一丈三尺六寸均压六白，段四尺八寸合八白。见下表：

名称	前后柱	栋高	中间	次间	段
尺寸	一丈二尺六寸	一丈零六寸	一丈四尺三寸	一丈三尺六寸	四尺八寸
紫白	六白吉	六白吉	三碧凶	六白吉	八白吉

正七架三间格（万历本《鲁班经》）

正九架五间堂屋格

凡造此屋，步柱用高一丈三尺六寸，栋柱或地基广阔，宜一丈四尺八寸，段浅者四尺三寸，成十分深，高二丈二尺栋为妙。

诗曰：阴阳两字最宜先，鼎创兴工好向前。九架五间堂九天，万年千载福绵绵。谨按先师真尺寸，管教富贵足庄田。时人若不依仙法，致使人家两不然。

五间，即面阔五开间。成十分深，“成”通“盛”，意为肥硕，这里是增加尺寸之意。先师，即对鲁班的尊称。所谓真尺寸、依仙法，指依鲁般尺、曲尺的压吉、压白之法，合乎阴阳理论。两不然，指房屋尺寸不合压白和阴阳法，房主一家则不得富贵和福寿安康。

正九架，即进深有八段（步）的建筑，这是《鲁班经》中所述有具体尺度建筑中最大体量的建筑。《鲁班经》强调，大凡建造这样的房宅，其步柱高要用一丈三尺六寸，栋柱根据地基的长宽面积，适宜采用一丈四尺八寸，房间进深稍短的可采用四尺三寸，也可增加十分。栋高为二丈二尺是最好的。按条目中的尺寸规定做法，此时建筑进深已达三丈六尺八寸，总面阔七丈，整栋建筑面积已达2576平方尺，即231.841平方米，是一幢很大面积的住宅单体建筑了。

山西省朔州市建于金皇统三年（1143年）的崇福寺弥陀殿，就是这种类型的建筑。经考察，其殿柱高、进深、面阔及开间的主要尺寸，均合紫白。

正九架（万历本《鲁班经》）

综上，可知《鲁班经》中的民间屋宅建筑格式主要有三架、五架、七架、九架及后拖一、二架等。据陈耀东先生考察，这些格式在各地长期的实践中，根据当地的具体条件而有所发展。如闽、粤及台湾地区，也同样用架数来称呼建筑，在七架、九架的基础上，发展了十一架，甚至有十三架的（少量），而且在正架后面，都添加了一、两架，使建筑内部空间扩大；从正架的几种形式，发展成十余种形式。

造门法

前文说过，造门安门在古代的房屋营建中是举足轻重的事，须慎之又慎。在“天人合一”的观念中，住宅以大门为气口，纳气则吉，衰气则凶。门户得体，顺应天地造化，不悖自然规律，就能同人们生存其间的“气”取得和谐；否则，“乖气则致戾”，家道就会衰落。而门的尺寸则关涉这一切。阳宅即使内外环境完全相同，但门的尺寸不一样的话，也会有或吉或凶的差异。而鲁班尺的主要用途，就在于丈量门的尺寸。《鲁班经》有些条目专门介绍制作门的尺寸和宜忌，对民间营建有很大影响，今天在某些地方仍为匠师所遵循。

造作门楼

新创屋宇开门之法：一自外正大门而入次二重较门，则就东畔开吉门，须要屈曲，则不宜太直。内门不可较大外门，用依此例也。大凡人家外大门，千万不可被人家屋脊对射，则不祥之兆也。

门楼，指大门上边牌楼式的顶。这里介绍了新建房宅置门的方法，具体而言：自外面的正大门进入里面第二重较小的门，应在东侧开门，这样吉利；进门路线一定要弯曲些，不宜太过直接；内门不能大于外门；而且，大凡房宅的外大门，一定不要与别家的屋脊对冲，因为这是不祥的征兆。

论起厅堂门例

或起大厅屋，起门须用好筹头向。或作槽门之时，须用放高，与第二重门同，第三重却就栿挖起，或作如意门，或作古钱门与方胜门，在主人意爱而为之。如不作槽门，只作都门、胡字门亦佳矣。

诗曰：大门安者莫在东，不按仙贤法一同。更被别人屋栋射，须教祸事又重重。

上户门计六尺六寸，中户门计三尺三寸，小户门计三尺一寸。州县寺

观门高一丈一尺八寸，阔六尺八寸；庶人门高五尺七寸，阔四尺八寸；房门高四尺七寸，阔二尺三寸。

春不作东门，夏不作南门，秋不作西门，冬不作北门。

按本条目介绍，造门之前须仔细考虑好门的朝向。或是在做槽门时，就要把它放高一些，造作第二重门同样。第三重门的位置应从栿柁开始，或是制作成如意门，或是制作成古钱门和方胜门，可随住宅人的爱好和意愿而做。如果不做槽门，只做都门、胡字门，也是最好的。（这里所谓如意门、古钱门、方胜门、胡字门，都是指门的式样象形而言，后世多用于园林建筑。）

又规定了各个等级和类别的门的尺寸。如上户门的尺寸为六尺六寸；中户门的尺寸为三尺三寸；小户门的尺寸为三尺一寸。州县寺观的大门，其高度应为一丈一尺八寸，宽为六尺八寸。老百姓家的大门，高度应为五尺七寸，宽为四尺八寸。房间的门，高为四尺七寸，宽为二尺三寸。

各个季节做门也是有禁忌的，即：春季不做东门，夏季不做南门，秋季不做西门，冬季不做北门。其中的道理，如春季不在东方造门，这是由于春季木旺，东方为万物萌发的方位，因此此时做东门，就会冲犯其旺气，不吉利。夏、秋、冬的意义与此完全一样。

红嘴朱雀凶日

庚午、己卯、戊子、丁酉、丙午、乙卯。

关于红嘴朱雀，古代有歌诀言："红嘴朱雀丈二长，眼似流星耀红光。等闲无事伤人命，午里飞来会过江。但从震宫起甲子，巽宫甲戌顺行数，行到中宫莫归火，乾宫一辰莫安床，艮宫莫作僧道室，离宫大门君莫犯，坎宫水沟天难当，坤宫嫁娶损宅长，震宫修厨新妇亡，巽宫一位管山野，入山伐木定遭殃。"从这首歌诀可以看出，红嘴朱雀是以方位来推算的。六十花甲中干支只要居其方位，就是犯了红嘴朱雀。本条目所举六日，是离宫红嘴朱雀，最忌讳做门。其推算法，是从震三起甲子，则有乙丑巽、丙寅中、丁卯乾、戊辰兑、己巳艮、庚午离（安门红嘴朱雀方）、辛未坎、壬申坤、癸酉震、甲戌巽、乙亥中、丙子乾、丁亥兑、戊寅艮、己卯离

（安门红嘴朱雀）。依此推完六旬，庚午、己卯、戊子、丁酉、丙午、乙卯六日均居离方，所以是安门红嘴朱雀。

修门杂忌

九良星年：丁亥，癸巳占大门；壬寅、庚申占门；丁巳占前门；丁卯、己卯占后门。

九良星，古代术数学中指一种星煞，犯此星煞，则忌修宅、修船、修宫观寺院等。按此条目介绍，九良星丁亥年、癸巳年应处于大门的位置；壬寅年、庚申年应处于正门的位置；丁巳年应处于前门的位置；丁卯年、己卯年应处于后门的位置。

不过，《钦定协纪辨方书》在奏请皇帝审阅时云："九良星按年周游于井厨门路庭堂寺观之间，全无义理，《通书》总论内载元朝奏罢等语，今《选择》虽不用而年局仍然开载，……应删去。"认为这一星煞早应在删去之列，勿拘泥。

丘公杀

甲己年占九月，乙庚占十一月，丙辛年占正月，丁壬年占三月，戊癸年占五月。

丘公，即唐末有名的风水大师丘延翰，这里丘公杀是以其命名的一种神杀。按本条目，丘公杀甲己年居于九月，乙庚年处于十一月，丙辛年处于正月，丁壬年处于三月，戊癸年处于五月。

《人子须知》说，《通书》里的诸神杀多出于《元经》，除此之外，不同的数术家又杜撰出一些神杀，巧立异名，使人畏惧恐怖。除丘公杀外，又有诸如李广箭、杨公忌等。这些神杀在汉唐之前是没有的，所以此杀就不必禁忌。

逐月修造门吉日

正月癸酉，外丁酉。二月甲寅。三月庚子，外乙巳。四月甲子、庚子，外庚午。五月甲寅，外丙寅。六月甲申、甲寅，外丙申、庚申。七月丙辰。八月乙亥。九月庚午、丙午。十月申子、乙未、壬午、庚子、辛未，外庚午。十一月甲寅。十二月戊寅、甲寅、甲子、甲申、庚子，外庚申、丙寅、丙申。

右上吉日不犯朱雀、天牢、天火、独火、九空、死气、月破、小耗、天贼、地贼、天瘟、受死、冰消瓦陷、阴阳错、月建、转杀、四耗、正四废、九土鬼、伏断、火星、九丑、灭门、离窠、次地火、四忌、五穷、耗绝、庚寅门、大夫死日、白虎、炙退、三杀、六甲胎神占门、并债木星为忌。

本条目列举了每个月修造门的吉利日子，认为这些日子并不冲犯各路神煞。这里介绍一下条目中所提到的一些神煞。

朱雀黑道：即正月在卯，二月在巳，三月在未，四月在酉，五月在亥，六月在丑，七月复在卯，顺行六阴支，周而复始。

天牢黑道：即正月起申，二月在戌，三月在子，四月在寅，五月在辰，六月在午，七月在申，顺行六阳支，周而复始。

天火：其法正月在子，二月在卯，三月在午，四月在酉，五月在子，顺行四仲，周而复始。

独火：《协纪辨方书》认为，独火之理取当年太岁对宫下一爻变化之方。如太岁在子，对宫为离，离卦下一爻变则为艮，故艮为独火。丑年、寅年为艮方，对宫为坤，坤卦下一爻变则为震，所以丑寅年在震，余年皆同此。如果该年天干丙丁正飞临独火之方，方以凶论，若无丙丁临之，并无妨。

九空：《协纪辨方书》记载："正月在辰，二月在丑，三月在戌，四月在未，五月在辰，周而复始。"《象吉通书》载："正月在辰，二月在丑，三月在戌，四月在未，五月在卯，六月在子，七月在酉，八月在午，九月在寅，十月在亥，十一月在申，十二月在巳。"二者从五月始，各有不同。

死气：正月起午，二月在未，三月在申，四月在酉，五月在戌，六月在亥，七月在子，八月在丑，九月在寅，十月在卯，十一月在辰，十二月在巳。

月破：即月令对冲之方。正月在申，二月在酉，三月在戌，四月在亥，五月在子，六月在丑，七月在寅，八月在卯，九月在辰，十月在巳，十一月在午，十二月在未。

小耗：有年小耗和月小耗两种。年小耗是子年在巳，丑年在午，寅年在未，卯年在申，辰年在酉，巳年在戌，午年在亥，未年在子，申年在丑，酉年在寅，戌年在卯，亥年在辰。月小耗与年小耗同，只是年支作为月支，即正月起未，顺行十二支。因其方为太岁或月建气绝之方，故名之。如寅卯辰为木，病巳、死午、墓未、绝申，所以其方为小耗。

地贼：正月、二月在子，三月在亥，四月在戌，五月在酉，六月、七月、八月在午，九月在巳，十月在辰，十一月在卯，十二月在子。

受死：正月在戌，二月在辰，三月在亥，四月在巳，五月在子，六月在午，七月在丑，八月在未，九月在寅，十月在申，十一月在卯，十二月在酉。

冰消瓦陷：正月在巳，二月在子，三月在丑，四月在申，五月在卯，六月在戌，七月在亥，八月在午，九月在未，十月在寅，十一月在酉，十二月在辰。

阴错：正月庚戌，二月辛酉，三月庚申，四月丁未、己未，七月丁巳、己巳，八月甲辰，九月乙卯，十月甲寅，十一月癸丑，十二月癸亥。

阳错：正月甲寅，二月乙卯，三月甲辰，四月丁巳、己巳，七月丁未、己未，八月庚申，九月辛酉，十月庚戌，十一月癸亥，十二月癸丑。

月建转杀：一种说法为春卯、夏午、秋酉、冬子；另一种说法为春壬子、夏乙卯、秋戊午、冬辛酉。

四耗：春壬子、夏乙卯、秋戊午、冬辛酉。

正四废：春庚申、辛酉，夏壬子、癸亥，秋甲寅、乙卯，冬丙午、丁巳。

四忌：春甲子、夏丙子、秋庚子、冬壬子。

九土鬼：丁巳、甲午、戊午、乙酉、庚戌。

伏断：寅在室、卯在女、辰在箕、巳在角、午在房、未在张、申在鬼、酉在觜、戌在胃、亥在壁、子在虚、丑在斗。

火星：寅申巳亥月：乙丑、甲戌、癸未、壬辰、辛丑、庚戌、己未。子午卯酉月：甲子、癸酉、壬午、辛卯、庚子、己酉、戊午。辰戌丑未月：壬申、辛巳、庚寅、己亥、戊申、丁巳。

九丑：戊子、戊午、壬子、壬午、乙卯、己卯、辛卯、乙酉、己酉、辛酉、十日为九丑日。

离窠：丁卯、戊辰、己巳、戊寅、辛巳、戊子、己丑、戊戌、己亥、戊午、辛丑、壬戌、癸亥、辛亥、壬午、壬申、戊申。

次地火：正月起巳，二月在午，三月在未，四月在申，五月在酉，六月在戌，七月在亥，八月在子，九月在丑，十月在寅，十一月在卯，十二月在辰。

耗绝：有庚辰、辛巳、丙戌、丁亥、庚戌、辛亥、丙辰、丁巳八日。

白虎：子年起申，丑年在酉，寅年在戌，卯年在亥，辰年在子，巳年在丑，午年在寅，未年在卯，申年在辰，酉年在巳，戌年在午，亥年在未。

灸退：子年在卯，丑年在子，寅年在酉，卯年在午，辰年在卯，巳年在子，午年在酉，未年在午，申年在卯，酉年在子，戌年在酉，亥年在午。

六甲胎神：正月占据床房，二月占据窗户，三月占据门堂，四月占据土仓，五月占据身床，六月占据床仓，七月占据碓磨，八月占据窗户，九月占据门房，十月占据房床，十一月占据灯窠，十二月占据房床。从上看出，六甲胎神三月和九月占据门上，所以这两个月不宜作门。

债木星：债木星逐年占方位：戊癸年占坤方（一说坤庚方），甲己年占辰，乙庚年占坎，丙辛年左午，丁壬年占乾，逢之不宜作门安门。

门光星

大月从下（右）数上（左），小月从上（左）数下（右）。白圈者吉，人字损人，丫字损畜。

门光星吉日定局

大月：初一、初二、初三、初七、初八、十二、十三、十四、十八、十九、二十、廿四、廿五、廿九、三十日。

小月：初一、初二、初六、初七、十一、十二、十三、十七、十八、十九、廿三、廿四、廿八、廿九日。

根据《地理正宗》记载：凡造门、修门、安大小门户、开门基，皆宜用门光星。明万历年间刻本《便民图纂》有关于修门择吉的记载，并有门光星的图示。《阳宅十书》论门光星起例中有三十个字歌诀："添添消，昨夜雨淋漓，雨过长沙满洞庭，倒在江湖流不尽，得澄清处，是亦澄清。"与门光星吉凶图相对应。大月从下数至上，逆行；小月从上数至下，顺行，一日一位。遇到白圈大吉，遇到黑圈就会损六畜，逢人字损人，逢丫字损牲畜，不利。一个月份里大约有一半是修宅门的吉利日子。大月用全三十个字，小月则除去"消"字，用二十九个字。

论门楼朝向须避直冲

门向须避直冲尖射砂水、路道、恶石、山坳、崩破、孤峰、枯木、神庙之类，谓之乘杀入门，凶。宜迎水、迎山，避水斜割、悲声。经云：以水为朱雀者，忌夫湍。

按条目中所述，门的朝向必须避免直接对冲而来的尖射砂水、道路、恶石、山坳、崩破、孤峰、枯木、神庙之类，否则杀星会乘机进门，大凶。应当迎水、迎山，避开流水横斜和流水的悲泣声音。朱雀，即古代风水学中的"四势"（青龙、白虎、朱雀、玄武）之一。认为以朝水为朱雀的，忌水流湍急作响，认为这是"四危"之一的"朱雀悲泣"，是一种凶象。

论黄泉门路

《天机诀》云："庚丁坤上是黄泉，乙丙须防巽水先，甲癸向中休见艮，辛壬水路怕当乾。"犯正枉死少丁，杀家长，长病忤逆。

按条目所述，《天机诀》上说："庚丁坤上是黄泉，乙丙须防巽水先，甲癸向中休见艮，辛壬水路怕当乾。"要是正面触犯黄泉煞，家里年少的孩子会枉死，殃及家中年长者，使其长期罹患疾病且子女不孝。

这里所谓黄泉，涉及古代术数学中的长生十二辰择吉法。这种择吉法将一年十二月分为长生、沐浴、冠带、临官、帝旺、衰、病、死、墓、绝、胎、养十二个阶段，代表五行和十二地支由生至灭反复循环的过程。生、死、墓、绝即为其中的四个阶段。

要了解黄泉的格局，必须先知道甲、乙、丙、丁、庚、辛、壬、癸所对应的生、死、墓、绝之处。

天干 十二处 十二支	甲	乙	丙	丁	庚	辛	壬	癸
子	沐浴	病	胎	绝	死	生	旺	临
丑	冠带	衰	养	墓	墓	养	衰	冠
寅	临官	帝旺	长生	死	绝	胎	病	沐
卯	帝旺	临官	沐	病	胎	绝	死	生
辰	衰	冠带	冠	衰	养	墓	墓	养
巳	病	沐浴	临	旺	生	死	绝	胎
午	死	长生	旺	临	沐	病	胎	绝
未	墓	养	衰	冠	冠	衰	养	墓
申	绝	胎	病	沐	临	旺	生	死
酉	胎	绝	死	生	旺	临	沐	病
戌	养	墓	墓	养	衰	冠	冠	衰
亥	长生	死	绝	胎	病	沐	临	旺

从表上就可以清楚地看出，甲癸同墓于未，未为坤，坤的对冲方是艮，艮就是甲癸之黄泉；乙丙同墓于戌，戌为乾，乾的对冲方是巽，巽就是乙丙之黄泉；庚丁同墓于丑，丑为艮，艮的对冲方是坤，坤就是丁庚之黄泉；辛壬同墓于辰，辰为巽，巽的对冲方是乾，乾就是辛壬之黄泉。为什么要取墓的对冲方？因墓逢冲则开，名叫墓门开，墓门开就有危险，因此为凶。

黄泉煞是以朝向论的，因此《鲁班经》接着谈修门朝向的禁忌，以避开黄泉煞：

庚向忌安单坤向门路水步，丙向忌安单坤向门路水步，乙向忌安单巽向门路水步，丙向忌安单巽向门路水步，甲向癸向忌安单艮向门路水步，辛壬向忌安单乾向门路水步。其法乃死绝处，朝对宫为黄泉是也。

也就是说：庚朝向的房宅禁忌只在坤的方向安门、放水、行路：丙朝向的房宅禁忌只在坤的方向安门、放水、行路；乙朝向的房宅禁忌只在巽的方向安门、放水、行路；丙朝向的房屋忌讳只在巽的方向安门、放水、行路：甲朝向和癸朝向的房宅禁忌只在艮的方向安门、放水、行路：辛壬朝向的房宅禁忌只在乾的方向安门放水、行路。那是因为这些方位处于死、绝处，其朝向正对的宫是黄泉位。

门高宜忌

诗云：

门高胜于厅，后代绝人丁。

门高过于壁，其家多哭泣。

门扇两枋欺，夫妇不相宜，

家财当耗散，真是不为量。

本条目谈的是门的高度宜忌。认为门不能高于厅堂的高度，也必须低于影壁的高度，否则都会造成不好的影响。

小门式

凡造小门者，乃是冢墓之前所作。两柱前重在屋，皮上出入不可十分长露出杀，伤其家子媳，不用使木作，门蹄二边使四只将军柱，不宜太高也。

按本条目介绍，制造小门应在家族墓园前进行。两个门柱嵌入围墙内，地面上门槛应低矮，不可超过十分，露多了就会犯杀气，伤害到自家的儿子媳妇。不需要使用木结构，门脚两边采用四只将军柱，也不宜太高。

这里谈到的是一种柱出屋面并斜贯木板的设计，为宋代乌头门、日月板的遗制，在苏州宋平江图碑（现存苏州市博物馆）刻图及元代人绘画中都可见到。从《鲁班经》这一条目可知，此制在元宋明初尚流传不绝，但以后就失传了。

小门式（万历本《鲁班经》）

其他建筑样式

除了以上民间屋宅建筑的条目，《鲁班经》中有关建筑的条款还有王府宫殿、司天台式、营寨格式、秋千架、棕蕉亭、凉亭水阁式等。条目范围很广，内容众多，但却都没有具体做法和建筑尺度，也不着眼于建造技术。虽然如此，这些条目同样有助于我们了解古代一些常见建筑的形制，故也介绍如下。

王府宫殿

凡做此殿，皇帝殿九丈五尺高，五府七丈高，飞檐栽角，不必再白。重拖五架，前拖三架，上截升拱天花板，及地量至天花板，有五丈零三尺高。殿上柱头七七四十九根，余外不必再记，随在加减。中心两柱八角为之天梁，辅佐后无门，俱大厚板片。进金上前无门，俱挂朱帘，左边立五宫，右边十二院，此与民间房屋同式，直出明律。门有七重，俱有殿名，不必载之。

本条目介绍了建造王府宫殿的大致规则尺寸。皇帝殿为九丈五尺高，五府大殿为七丈高。主要的房屋拖五架，前面拖三架，上方是升拱天花板，用尺从地面量至天花板，有五丈零三尺高。殿上柱头用七七四十九根，随具体情况可加减。中心的两柱为八角形断面，作为天梁。辅助后庑门的，全用又大又厚的板片。在前庑门上涂金，都要挂上朱帘。左边立五宫，右边建十二院，其样式与民间房屋相同。门有七重，都有殿名。这些规则出自于明确的制度条例。

飞檐是我国古代传统的建筑檐部形式，多指屋檐特别是屋角处向上翘起，若飞举之势，常用在亭、台、楼、阁、宫殿、庙宇等建筑的屋顶转角处，四角翘伸，形如飞鸟展翅，轻盈活泼，所以也常被称为飞檐翘角。

皇帝殿高九丈五尺，这是有讲究的。所谓“九五至尊”，九是诸数字最大的，五为数之中，所以九五为皇宫建筑最适宜的吉数。

营建王府宫殿，不仅讲究尺寸，还要选择好动土修建的日期。《协纪辨方书》中有御用六十七事，分别记载了“营建宫室”和“修宫室”的宜忌日期，现摘录如下：

营建宫室：

宜天德、月德、天德合、月德合、天赦、天愿。

忌月建、土府、月破、平日、收日、闭日、劫煞、灾煞、月煞、月刑、月厌、大时、天吏、四废、五墓、土符、地囊、土王用事后。

修宫室：

宜月恩、四相、时德、三合、福德、开日。

忌月建、土府、月破、平日、收日、闭日、劫煞、灾煞、月煞、月刑、月厌、大时、天吏、四废、五墓、土符、地囊、土王用事后。

王府宫殿（万历本《鲁班经》）

司天台式

此台在钦天监。左下层土砖石之类，周围八八六十四丈阔，高三十三丈，下一十八层，上分三十三层，此应上观天文，下察地利。至上屋周围

俱是冲天栏杆，其木里方外圆，东西南北及中央立起五处旗杆，又按天牌二十八面，写定二十八宿星主，上有天盘流转，各位星宿吉凶乾象。台上又有冲天一直平盘，阔方圆一丈三尺，高七尺，下四平脚穿枋串进，中立圆木一根。斗上平盘者，盘能转，钦天监官每看天文立于此处。

在古代，司天台曾为官署名，掌管观察天象、考定历数等职。这里指观测天象的高台建筑，又称观天台。钦天监是官署名，掌管天文、历法等事。自周代以来，历代多有设置，但名称不同。周称太史，秦汉称太史令，随设太史监，唐初设太史局，中唐以后改为司天台，宋称司天监，明清时称钦天监。

古代司天台的实物今天已没有留存下来，《鲁班经》中的图文字介绍可供我们了解参考。由本条目可知，司天台下层用土砖石等材料砌造，面积为六十四丈，高三十三丈。下面分为十八层，上面分为三十三层。最上面房宅的周围都是冲天栏杆。做栏杆的木料，里方外圆。东西南北及中央的五个方位，立起五处旗杆。又在天牌的二十八面上，写有二十八星宿之名，上有流转的天盘，显示各星宿的吉凶和天象。高台上又有一个朝天的直平盘，其面积为一丈三尺，高七尺。平盘下做四个平脚，用穿枋串联。中间立一根圆木，上面拼装平盘，盘能转动。

司天台的各个尺寸数字规则也是有讲究的：

八八六十四丈，与《周易》的八八六十四卦相应。

三十三丈，佛教梵语“忉利天”译作三十三天，为欲界的第六天，在须弥山顶上。中央为释天帝所住之处，四方有四峰，每峰有八天，合称三十三天。因此，古人认为天共有三十三层，三十三丈即其对应之数。这里寓意仰观天文。

下部层数为十八，对应十八层地狱的概念。这里寓意俯察地理。

里方外圆，古人认为天圆地方，里方外圆即象征天地之意。

二十八宿，又名二十八舍或二十八星，最初是古人为比较太阳、太阴、金、木、水、火、土的运动而选择的二十八个星官，作为观测时的标记。“宿”的意思和黄道十二宫的“宫”类似，有住所之意，表示日月五星所在的位置。二十八宿各以一个字来命名，即：角、亢、氐、房、心、尾、箕、斗、牛、女、虚、危、室、壁、奎、娄、胃、昴、毕、觜、参、井、鬼、柳、星、张、翼、轸。古人将每个星宿各与一种动物和五行相配，从角宿开始，自西向东排列，为：角木蛟、亢金龙、氐土貉、房日兔、心月狐、尾火虎、箕水豹、井木犴、鬼金羊、柳土獐、星日马、张月鹿、翼火蛇、轸水蚓、奎木狼、娄金狗、胃土雉、昴日鸡、毕月乌、觜火猴、参水猿、斗木獬、牛金牛、女土蝠、虚日鼠、危月燕、室火猪、壁水貐。又为了便于观察，古人把二十八个部分归纳为四个大星区，并把它们想象为四种有神性的动物的形状，冠以“四象”之名，每个星区有七宿。即东方苍龙七宿：角、亢、氐、房、心、尾、箕；南方朱雀七宿：井、鬼、柳、星、张、翼、轸；西方白虎七宿：奎、娄、胃、昴、毕、觜、参；北方玄武七宿：斗、牛、女、虚、危、室、壁。

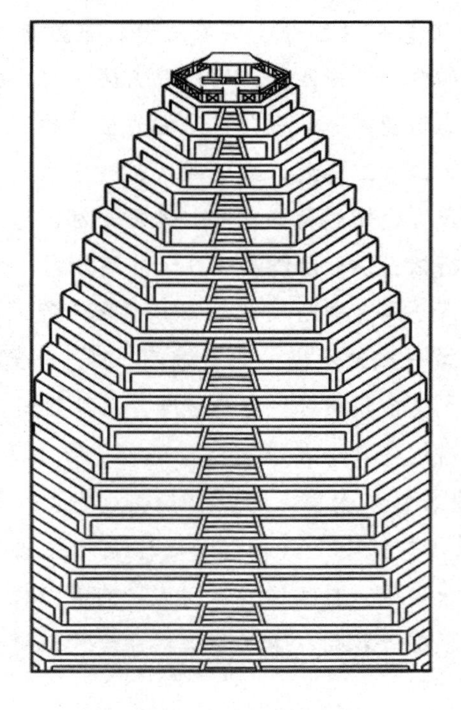

司天台式（万历本《鲁班经》）

高七尺，下四平脚，这就与古代占星学中“七政四余”的概念有关。七政是指日（太阳）、月（太阴）与金（太白）、木（岁星）、水（辰星）、火（荧惑）、土（填星、镇星）等星曜；四余是指紫炁、月孛、罗睺、计都等四虚星。古人观察七政四余等星曜，所居十二宫的庙旺，所躔二十八宿的度数，以测知人日生之吉凶。明代南京钦天监监副贝琳缉编《七政推步》第七卷曾提到，回回历元时传入我国，明洪武十五年，翰林李羽中、吴宗伯等奉旨翻译而后流传，即用七政四余推算法。高七尺，下四平脚即与此相应。

装修正厅

左右二边，四大孔水椹板，先量每孔多少高，带磉至一穿枋下有多少尺寸，可分为上下一半，下水椹带腰枋，每矮九寸零三分，其腰枋只做九寸三分。大抱柱线，平面九分，窄上五分，上起荷叶线，下起棋盘线，腰枋上面亦然。九分下起一寸四分，窄面五分，下贴地栿，贴仔一寸三分厚，与地栿盘厚中间分三孔或四孔，椅枋仔方圆一寸六分，斗尖一寸四分长。前楣后楣比厅心每要高七寸三分，房间光显冲栏二尺四寸五分，大厅心门框一寸四分厚，二寸二分大，或下四片，或下六片，尺寸要有零，子舍箱间与厅心一同尺寸，切忌两样尺寸，人家不和。厅上前眉两孔，做门上截亮格，下截上行板，门框起聪管线，一寸四分大，一寸八分厚。

正堂装修与正厅一同上框门尺寸无二，但腰枋带下水椹，比厅上尺寸每矮一寸八分。若做一抹光水椹，如上框门，做上截起棋盘线或荷叶线，平七分，窄面五分，上合角贴仔一寸二分厚，其别雷同。

装修，这里指古代建筑中非承重构件的修造制作。此条至“桩（装）修祠堂式”，均有讲装修的内容，所以放置在这里。这些装修内容涉及厅壁的上下比例关系，并提出一些构件、做法名称，如一穿枋、腰枋、抱柱、地栿、前楣、水椹等，有的构件有尺度，有起线做法，还有厅心、亮格、栏杆斜格、田字格等名词、做法等等，在今天闽粤民间建筑中大都仍保留，可作为参考。

这里分别讲了正厅和堂屋的装修。水椹板，古代一种建筑构件。腰枋，指门框与抱框间的横木。地栿，指门框下边的横木，也就是我们常说的门槛。贴仔，即贴板，指用来组合成大梁或叠层梁的几块部件之一，如厚木板或铁板。盘，形如倒置之盆，指装饰用的木构件。楣，即门框上端的横档。棋盘线、荷叶线，都是古代建筑中的装饰线条，分别形似棋盘、荷叶。

按条目所述，修造正厅的方法，是在正厅左右两边，凿四大孔卯眼放置水椹板。先量每孔的高度是多少，再量柱顶石到第一根穿枋下的尺寸有多少。可分为上下各一半，裁割木料做水椹及腰枋，一般为九寸零三分短，其腰枋只做九寸三分。画大抱柱的墨线，平面为九分，窄面为五分，上起荷叶线，下起棋盘线。腰枋上面也是这样。九分之下又起一寸四分，窄面为五分，做小贴板挨着门槛，小贴板只需一寸三分厚。在门楹盘的中间钻三孔或四孔卯眼。椅枋截面只有一寸六分，斗尖一寸四分长。前楣后楣比厅中央一般要高七寸三分。房间中最醒目最主要的栏杆为二尺四寸五分。大厅正中的门框为一寸四分厚，二寸二分大，或下四片，或下六片，尺寸要有零数。儿童厢房与正厅房间做一样的尺寸，切忌尺寸不一，要不然这户人家会不和睦。厅房前楣上钻两个孔，门的上部做亮格，下部安装行板。门框画聪管线，宽为一寸四分，厚度为一寸八分。

堂屋构件的尺寸与正厅完全相同，门框的尺寸也一样，但腰枋连接水椹处，比厅的尺寸大约短一寸八分。如做一抹光水椹，如上框门，在上部画棋盘线或荷叶线，平面为七分，窄面为五分，上面合角的贴板一寸二分厚。其余的与此一样。

寺观庵堂庙宇式

架学造寺观等，行人门身带斧器，从后正龙而入，立在乾位，见本家人出方动手。左手执六尺，右手拿斧，先量正柱，次首左边转身柱，再量直出山门外止。叫夥同人，起手右边上一抱柱，次后不论。大殿中间，无水椹或栏杆斜格，必用粗大，每算正数，不可有零。前栏杆三尺六寸高，以应天星。或门及抱柱，各样要算七十二地星。庵堂庙宇中间水椹板，比人家水椹每矮一寸八分，起线抱柱尺寸一同，已载在前，不白。或做门，或亮格，尺寸俱矮一寸八分。厅上宝桌三尺六寸高，每与转身柱一般长，深四尺面，前叠方三层，每退墨一寸八分，荷叶线下两层花板，每孔要分成双下脚，或雕狮象拖脚，或做贴梢，用二寸半厚，记此。

寺观、庵堂、庙宇，都是供奉神佛的神圣之处，关乎当地一村或一方的吉凶，所以非常讲究，不仅进深宽狭高低的尺寸要处处合吉，且动土、入庙时间也有一系列的严格要求。

如“每算整数，不可有零”，是说寺观庙堂建筑时的深、阔、高，各种尺寸都要取整数。前栏杆有三尺六寸高，其取数，来自道教中的三十六天罡。道家认为，北斗星共有三十六神，称为三十六天罡，每一神占一星，每神一名。这就是条目中强调的“以应天星”。七十二地星，即七十二地煞星。这里体现了“天人合一”的理念。

寺观庵堂庙宇式（万历本《鲁班经》）

按条目所述，修造寺观庙宇等建筑物时，木匠的身边带着斧头，沿着大龙脉主干而进入宅中，站立在乾卦的方位，看见宅中的人出来后方动手丈量。左手拿六尺，右手拿斧，先量正柱，再量左边的转身柱，接着量其他柱，一直量到山门之外为止。叫上匠人同伴，开始从右边安上一抱柱，位置稍后也没关系。大殿中间，不做水椹或栏杆斜格，必须要用粗大的木料。每处测算应为整数，不可有零数。前栏杆为三尺六寸高，以对应天星。至于门和抱柱，各种重要的测算数据应合七十二地星。庵堂庙宇中间的水槛板，比民居房屋的水槛，大约要短一寸八分，画抱柱线的尺寸完全相同。做门或亮格，尺寸均应短一寸八分。厅中的宝桌高三尺六寸，一般与转身柱同样长，桌面宽四尺，前叠正好三层，每层应退墨一寸八分。画荷叶墨线时应裁割两层花板，每个孔要分成双下脚，或做成雕狮像的拖脚，或做成贴梢，厚为二寸半。

装修祠堂式

凡做祠宇为之家庙，前三门次东西走马，廊又次之。大厅厅之后明楼茶亭，亭之后即寝堂。若装修自三门做起，至内堂止。中门开四尺六寸二分阔，一丈三尺三分高，阔合得长天尺方在义官位上。有等说官字上不好安门，此是祠堂，起不得官义二字，用此二字，子孙方有发达荣耀。两边耳门三尺六寸四分阔，九尺七寸高大，吉财二字上，此合天星吉地德星，况中门两边，俱合格式。家庙不比寻常人家，子弟贤否，都在此处种秀。又且寝堂及厅两廊至三门，只可步步高，儿孙方有尊卑，毋小欺大之故，做者深详记之。

装修三门，水槛城板下量起，直至一穿上平分上下一半，两边演开八字，水槛亦然。如是大门二寸三分厚，每片用三个暗串，其门笋要圆，门斗要扁，此开门方向为吉。两廊不用装架，厅中心四大孔，水槛上下平分，下截每矮七寸，正抱柱三寸六分大，上截起荷叶线，下或一抹光，或斗尖的，此尺寸在前可观。厅心门不可做四片，要做六片吉。两边房间及耳房，可做大孔田字格或窗齿可合式，其门后楣要留，进退有式。明楼不须架修，其寝堂中心不用做门，下做水槛带地栿，三尺五高，上分五孔，做田字格，此要做活的，内奉神主祖先，春秋祭祀，拿得下来。两边水槛，前有尺寸，不必再白。又前眉做亮格门，抱柱下马蹄抱柱，此亦用活的，后学观此，谨宜详察，不可有误。

祠堂是旧时祭祀祖宗或贤人的厅堂，也称“家庙”。按此条介绍，大凡修造祠堂作为家庙，一般为山门在前，其次为东西走廊，再后有大厅，厅的后面是明楼、茶亭，亭之后就是寝堂。装修应先从山门做起，到内堂结束。中门应开四尺六寸二分宽、一丈三尺三分高，其宽的尺寸应刚好合在长天尺的“义”、“官”的位置上。古人认为，“官”字上不可安装门，因为这里是祠堂，不该用“官”、“义”二字。其实用此二字，子孙可荣耀发达。两边的耳门应为三尺六寸四分宽、九尺七寸高，其尺寸在“吉”、“财”二字上，这恰合天德地德的吉星，何况中门两边，都符合吉利的格式。家庙不比寻常人家的房宅，子弟是否贤能，其祥兆都从这里萌生。

此外，从寝堂及厅旁的两条走廊到山门，只能一步比一步高，这样子孙才有尊卑的观念，没有以小欺大的现象。修造山门，水椹城板应从下方量起，直到第一根穿枋上，之间平分上下各一半，两边摆开成八字形状。水椹也是这样做。这样，大门应为二寸三分厚，每片用三个暗串，其门笋要圆，门斗要扁，这样做门，这个开门方向才是吉利的。两廊不用安装木架，厅中心凿四大孔卯眼，水椹上下平分，下部大多短为七寸。正抱柱为三寸六分大，上部画荷叶线，下部可做成一抹光式的，或可做成斗尖式的。厅心门不可做四片，要做六片才是吉利的。两边的房间及耳房，可做大孔田字格或者是窗齿可合式，其门要留后楣，其尺寸增减有标准可依的。修造明楼不须用木架，寝堂中心不必做门。下面做水椹连接门槛，三尺五高，上分五孔卯眼，做成田字格。这些构件要做成活动的。祠堂里面供奉的神主、祖先灵位，在每年祭祀时，能把灵位取得下来。祠堂的前楣窗做成亮格门，抱柱下用马蹄抱柱，这些也要做成活动的。

祠堂多建于家族的聚居地或附近。从古代一直到近代，祠堂为祖宗灵位所处之地，被认为事关整个族人的吉凶祸福，子孙后代的贤愚贵贱。一般来说，祠堂为一个村落中最为华丽、庄严的公共建筑，在宗族里是最为重要的一个公共空间，同一宗族的人们在这里供奉祖先、举行祭祀、执法、讲学。宗祠已不仅仅是一座祭祀性的宗庙建筑、宗族礼法的象征，还是维护宗族权力的组织。所以，其建筑基本布局构造相对固定、严谨，其形制和尺寸都是有据可依、非常考究的。如婺源地区规模最大的宗祠，江湾萧江宗祠，始建于明朝万历年间，其分前院、前堂、中堂、后堂四进，形制和规格完全遵照祠堂修造的要求。

如果是皇家贵族的祠堂，则更为考究。如北京明清太庙，不仅规模宏大，且进深、阔、高、分间，处处均合整数，足证《鲁班经》一书直接影响了皇室建筑。其庙正中九间，建于明嘉靖二十四年（1545 年），每间面阔 20 尺，中间一间面阔 30 尺，共 190 尺，旁边两小间为乾隆增建。如果中间一间为门，则是门光尺 20.8 尺，正好在“官”字上。

装修祠堂式（万历本《鲁班经》）

神厨搽式

下层三尺三寸，高四尺，脚每一片三寸三分大，一寸四分厚，下锁脚方一寸四分大，一寸三分厚，要留出笋。上盘仔二尺二寸深，三尺三寸阔，其框二寸五分大，一寸三分厚，中下两串，两头合角与框一般大，吉。角止佐半合角，好开柱。脚相二个，五寸高，四分厚，中下土厨只做九寸，深一尺。窗齿栏杆，止好下五根步步高。上层柱四尺二寸高，带岭在内，柱子方圆一寸四分大，其下六根，中两根，系交进的里半做一尺二寸深，外空一尺，内中或做二层，或做三层，步步退墨。上层下散柱二

个，分三孔，耳孔只做六寸五分阔，余留中上。拱梁二寸大，拱梁上方梁一尺八大，下层下欢眉勒水。前柱磉一寸四分高，二寸二分大，雕播荷叶。前楣带岭八寸九分大，切忌大了不威势。上或下火焰屏，可分为三截，中五寸高，两边三寸九分高，余或主家用大用小，可依此尺寸退墨，无错。

神厨搽，是古代一种制作祭祀用品的小屋。笋，同“榫”，指竹、木等器物或构件利用凹凸方式相接处凸出的部分，如笋头（榫头）。开柱，即开柱眼，在梁柱上面开洞。脚相，即脚箱，指小箱柜。土厨，指存放物品的箱柜类木器，“厨”通“橱”。欢眉勒水，为古建筑中的一种装饰形式。

神厨为古代祠堂中的一种典型建筑。宗祠、支祠或家祠一般多为三开间，二进或三进，分门屋、享堂、寝堂、东西庑。每两进中间为天井。祠堂内主要大厅都在第二进，称为享堂。进深较其他各进都大，梁架也高大华丽。金柱间多为五架。寝堂进深往往最小，它安放着神橱、供奉祖宗牌位。神橱前沿有细木镂花的罩，是宗祠里装饰最华丽的部分。神橱前置长条的香案，造型与神橱统一。香案上陈设烛台和香炉，每当朔望和春秋祭日，烛光摇曳，香烟缭绕，造成一种庄严肃穆的氛围，促人追思缅怀。

按本条目的介绍，神厨搽的下层可做三尺三寸，高四尺，脚每一片可做三寸三分大、一寸四分厚，下锁脚最好为一寸四分大、一寸三分厚，要留出榫头。上盘只有二尺二寸深、宽为三尺三寸，其框为二寸五分大、一寸三分厚，中下两串，两头的合角与框大小一样，这样才合吉。应用左边的角半合角，才好开柱眼。脚箱做两个，五寸高，四分厚，中下土厨应做九寸，深为一尺。窗齿栏杆应做五根步步高。上层柱四尺二寸高，包括柃在内，柱子（断面）面积为一寸四分大，立于地下六根，中间两根，联结到交进里的一半应做一尺二寸深，外空为一尺，内中做二层或三层，每步减少。上层做散柱两个，分三孔，耳孔只做六寸五分宽，其余留中上位置。拱梁为二寸大，拱梁上方的梁为一尺八寸大，下层做欢眉勒水。前柱下面的石墩应为一寸四分高、二寸二分大，上面雕刻荷叶。前楣连接柃为八寸九分大，切忌大而没有威势。上或下做火焰屏，可分为三截，中间部分为五寸高，两边为三寸九分高。剩余部分可随宅主人之意可大可小，照这样的尺寸减少，是没有问题的。

神厨搽式（万历本《鲁班经》）

营寨格式

立寨之日，先下垒杆，次看罗经，再看地势山形生绝之处，方令木匠伐木，踃定里外营垒。内营方用厅者，其木不俱大小，止前选定二根，下定前门，中五直木，九丈为中央主旗杆，内分间架，里外相串。次看外营周围，叠分金木水火土，中立二十八宿，下例休、生、伤、杜、景、死、惊、开此行文，外伐木交架而下周建。鹿角旗枪之势，并不用木作之工。但里营要刨砍找接下门之劳，其余不必木匠。

营寨，即古时驻兵的军营，常说的安营扎寨，其实也是一种木工活。根据本条目介绍的做法，建造营寨的当天，首先立下垒杆，接着再用风水罗盘测定，以查看清楚地势山形，找到吉处，方可让木匠伐木，移动柱子确定里外营的墙壁。内营中可用厅堂的式样，不管其木的大小，只需要先选定两根，确定前门的两柱。中间可用五根直木，以九丈长的木料，做中央主旗杆。内分间架，里外相串连。再看外营周围，依次分为金、木、水、火、土，二十八宿，以下便按照奇门遁甲中休、生、伤、杜、景、死、惊、开这八门推测吉凶。到野外砍伐木头做成支撑的架子，环绕着架子进行建造。里营的建造需要刨、砍、找接、做门等劳作，其余就不需劳烦木匠了。

条目中提到的休、生、伤、杜、景、死、惊、开，即奇门遁甲中的八门，各依五行分别居于八方。具体是：休门属水，居坎方，数一，为吉；生门属土，居东北，数八，属吉；伤门属木，居正东，数三，为凶；杜门属木，居东南，数四，为凶；景门属火，居正南，数九，小吉或中平；死门属土，居西南，数二，为凶；惊门属金，居正西，数七，为凶；开门属金，居西北，数六，为吉。其位虽死，但八门亦随着飞星不断变化方位，有年家奇门、日家奇门、时家奇门之分，其方位则根据当时飞星情况而定。这里不作详述。

营寨格式（万历本《鲁班经》）

仓敖式

依祖格九尺六寸高，七尺七分阔，九尺六寸深，枋每下四片，前立二柱，开门只一尺五寸七分阔，下做一尺六寸高，至一穿要留五尺二寸高，上楣枋枪门要成对，切忌成单，不吉。开之日不可内中饮食，又不可用墨斗曲尺，又不可柱枋上留字留墨，学者记之，切忌。

仓敖，也作"仓廒"、"仓厫"，即放置粮食的地方，即粮仓，古代秦以敖山为粮仓，故名。枋，指古建筑中的水平构件，枋木断面和梁一样，都是矩形，位于如窗户或走道之上，或是连接两柱或两框架的构件，其作用主要是连接柱头，有时也是承弯曲的构件。枪门，是古建筑中主件的外构件，即外框。

按本条目的做法规定，修造粮仓一般为九尺六寸高、七尺七分宽、九尺六寸深，枋可做四片，前立两根木柱，门做只一尺五寸七分宽，下面做一尺六寸高，至第一根穿枋要留五尺二寸高，安装楣枋枪门要成双数，不可成单数，这样会不吉利。

我们可以看到，在修造粮仓期间，禁忌很多，如禁忌将墨斗签（木匠画墨线、作记号用竹签笔）衔在口中，不可用墨斗曲尺和在柱枋上留字留墨，不可在仓内工地饮食，不许着草鞋入内。这些禁忌有一定的道理：不可柱枋上留字、留墨，这样就能保持建筑物梁柱的清洁；进入粮仓不许吃食物，不许穿草鞋，这是为了防止带入虫卵及其他污秽物，防止残留食物的变质发生霉菌，以免有害粮仓的储存。

《象吉通书》中有"逐月修作仓库吉日"条，介绍了修造仓库的吉日选择，其认为的吉日有：正月丙寅、庚寅。二月丙寅、己亥、庚寅、癸未、辛未。三月己巳、乙巳、丙子、壬子。四月丁卯、庚午、己卯。五月己未。六月庚申、甲寅，外甲申。七月丙子、壬子。八月己丑、癸丑、己亥、乙亥。九月庚午、壬午、丙午、庚戌。十月庚午、辛未、乙未、戊申。十一月庚寅、甲寅、丙寅、壬寅。十二月丙寅、甲寅、壬寅、甲申、庚申。

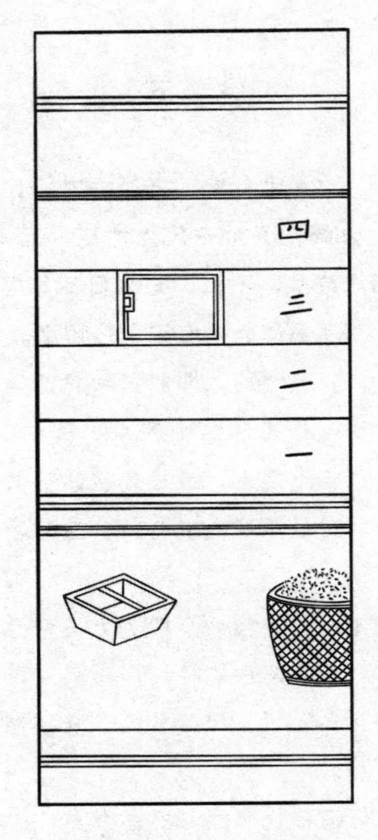

仓敖式（万历本《鲁班经》）

桥梁式

凡桥无装修，或有神厨做，或有栏杆者，若从双日而起，自下而上；若单日而起，自西而东，看屋几高几阔，栏杆二尺五寸高，坐橙一尺五寸高。

坐橙，即栏杆下的台阶，“橙”同“磴”。

此条目介绍了桥梁的做法，由此可以知道，所有的桥梁都没有其他零散构件的修造，或许是有的在桥上做神厨，以及做栏杆。如从双日开始做，就必须由下至上；如从单日开始做，就必须从西至东。根据该桥梁廊亭的高、宽尺寸，栏杆高度为两尺五寸，坐磴的高度为一尺五寸即可。

桥梁式（万历本《鲁班经》）

郡殿角式

凡殿角之式，垂昂插序，则规横深奥，用升斗拱相称。深浅阔狭，用合尺寸，或地基阔二丈，柱用高一丈，不可走祖，此为大略，言不尽意，宜细详之。

这里的角指角楼，是一种在较大建筑物转角上的装饰性建筑物。昂，即斜出的梁桁。序为堂屋的东西墙。奥，古时指房屋的西南角，古时祭祀设神主或尊者居坐之处，泛指室内深处。斗栱，建房时在立柱和横梁交接处加的弓形承重结构叫栱；垫在栱与栱之间的斗形木块叫斗。

按条目所述，郡殿角楼的式样，都是以竖桁穿入东西墙壁，以木料横直来规范堂室深奥，必须提升斗栱，使之吻合。深浅宽窄，应适合于吉利的尺寸，或地基宽二丈，柱高应为一丈，反正不能违背传统的标准尺寸。

郡殿角式（万历本《鲁班经》）

建钟楼格式

凡起造钟楼，用风字脚，四柱并用浑成梗木，宜高大相称，散水不可太低，低则掩钟声，不响于四方。更不宜在右畔，合在左边寺廊之下，或有就楼盘，下作佛堂，上作平基，盘顶结中间楼，盘心透上直见钟。作六角栏杆，则风送钟声，远出于百里之外，则为吉也。

钟楼，就是古代安置大钟的较高木构建筑物，旧时楼内按时敲钟报告时辰。梗木，指建筑物上的横方木。散水，指古建筑中把雨水排走的一种构件。

这个条目介绍了古代钟楼的建造方法，非常有针对性，合乎科学原理。其中说大凡修造钟楼，主要用风字脚。所谓风字脚，就是即钟楼柱子用侧脚，各柱不是垂直于地坪，而将柱首微收向内，柱脚微出向外，这样钟的重量压向柱子，越压，柱子越稳。另外，要用完整的直木立四柱，必须高大相称。排水构件不可太矮，矮了会遮掩钟声，使声音很难传播四方。更不宜置于右边，应在左边的寺廊之下，有的可靠近楼盘的地方。在钟楼下部建造佛堂，上部建造平整的基座，楼盘顶部的中间构建钟楼，让人的目光透过楼盘中心可直接看见钟，可造六角形的栏杆。按这种格式建造的钟楼，楼盘心上下层通透，则下层成为钟的巨大共鸣腔，再加上钟楼高大，钟声随风飘送，可传播到很远的地方。

建钟楼格式（万历本《鲁班经》）

建造禾仓格

凡造仓敖，并要用名术之士，选择吉日良时，兴工匠人，可先将一好木为柱，安向北方。其匠人却归左边立，执斧向内斫入则吉也。或大小长短阔狭，皆用按二黑，虽然留下十寸、八白，则各有用处。其宅者合白，仓敖不同，此用二黑，则鼠耗不侵，此为正例也。

禾仓格，为古代储藏谷物的仓库格架。按本条目的介绍，大凡在造粮仓之前，可请擅长数术的人推择吉日良时。木工匠师可先取一段好木作为柱子，朝向北方安置。做工时，这个匠人应站于左边，手持斧头向内砍劈，认为这样才是吉利的。值得注意的是，其尺寸取吉，不是一般的三白或一紫，其木料大小长短宽窄的尺寸，必需依据二黑，虽然留下十寸、八白，但是各有各的用处。修建住宅要合白，建造粮仓则不同，这里要用二黑，认为这样就可免除鼠耗之灾。

古代术数学认为，修造粮仓，逢利田、建田的年份，可使田里粮食丰收、增加仓库积累；逢背田、空田的年份，可能会破财，粮食歉收，饥荒难免。

古代择吉的通书总结了修造粮仓的一系列吉日：

造仓吉日：春己巳、丁未。夏甲午。秋乙亥、壬午。冬辛未、庚寅、壬辰、乙未、己亥、丙辰、壬戌。宜满、成、开、天仓、天财、月财日吉。

起仓吉日：乙丑、己巳、庚午、丙子、己卯、壬午、庚寅、壬辰、甲午、乙未、庚子、壬寅、丁未、甲寅、戊午、壬戌，宜满、成、开日吉；忌灭没、十大空亡日。

盖仓吉日：甲子、乙丑、辛未、乙未、庚子、丁酉、甲申、辛卯、乙未、己亥、乙巳、癸丑，宜成、开日。

泥仓吉日：宜己巳、乙亥、庚辰、乙酉、庚寅、壬辰、甲午、乙未、乙卯，建日、闭日吉。

修仓吉日：宜甲子、乙丑、丙寅、丁卯、壬午、甲午、乙未、甲辰日吉。

《象吉通书》云："修仓库宜用甲庚丙壬四向，吉。又要坐虚向实，不可与屋向对，凶。仓前放水，不可流破财禄方。"

另还有修仓塞鼠穴，除白蚁吉日及财离九空，河魁勾绞、大耗、小耗等禁忌，这里不一一再举。

建造禾仓格（万历本《鲁班经》）

建筑附属构件及畜禽栏圈

秋千（迁）架

今人偷栋栟为之吉，人以如此造，其中创闲要坐起处，则可依此格尽好。

偷栋栟，是古代一种省略栋柱（即位于屋架中心的脊柱，也可称中柱）的结构方式。偷，有省略之意。当时民间的房舍一般屋架都有栋柱，这也是穿逗架的特点。但在当心间常是主要生活场所，如果省略去栋柱就比较宽畅自由，因而出现了秋千（迁）架这一式。此式在《鲁般营造正式》中的配图异常明确，但明万历后许多刻本竟讹传绘成小孩游戏用的秋千架，有使读者产生误解之弊。

秋迁架（万历本《鲁班经》）

搜焦亭

造此亭者，四柱落地，上三超四结果，使平盘方中，使福海顶、藏心柱十分要耸，瓦盖用暗镫钉住，则无脱落，四方可观之。

诗曰：枷梢门屋有两般，方直尖斜一样言，家有奸偷夜行子，须防横祸及道官。

诗曰：此屋分明端正奇，暗中为祸少人知。只因匠者多藏素，也是时

师不细详。使得家门长退落，缘他屋主大隈衰。从今若要儿孙好，除是从头改过为。

搜焦亭，为古代亭类建筑的一种。上三超四结果，即三重檐跃上四根立柱结顶的结构。福海顶，为亭类建筑的一种顶盖样式。藏心柱，为支承顶盖竖立的短柱。素，用以写字的纸张或丝绸，这里指写有符咒的纸条。

按条目介绍，建造这种亭，四根木柱要落地，上部三重檐升至第四根立柱与其结顶，把平盘放在中间，造福海顶、藏心柱，令其非常高耸。瓦盖用暗镫钉住，就不会脱落。亭盖从四个方向都可以看到它。

搜蕉亭（万历本《鲁班经》）

凉亭水阁式

装修四围栏杆，靠背下一尺五寸五分高，坐板一尺三寸大，二寸厚。坐板下或横下板片，或十字挂栏杆上。靠背一尺四寸高，此上靠背尺寸在

前不白，余四寸二分方好坐。上至一穿枋做遮阳，或做亮格门。若下遮阳，上油一穿下，离一尺六寸五分是遮阳。穿枋三寸大，一寸九分厚，中下二根斜的，好开光窗。

水阁，指中国一种传统的楼房样式，其四周通常设槅扇或栏杆回廊。装修，在古代指建筑物中的槛框、门窗、栏杆等非承重构件的安装和修造。穿枋，指柱与柱之间横向连系的木构件。

按条目介绍，修作凉亭水阁四围栏杆的方法为：靠背要做一尺五寸五分高，坐板为一尺三寸宽、二寸厚。砍削坐板木料或裁割横的板片，或做十字木格挂在栏杆上。靠背为一尺四寸高，其余为四寸二分，正好方便入坐。靠背上面至第一根穿枋之间可做遮阳，或做亮格门。如做成遮阳，油漆刷到第一根穿枋下面，油漆距离遮阳可达一尺六寸五分。穿枋（断面）为三寸高、一寸九分厚，中下两根是斜的，最好做成透光的格窗。

凉亭式（万历本《鲁班经》）

水阁式（万历本《鲁班经》）

诸样垂鱼正式

凡作垂鱼者，用按营造之正式。今人又叹作繁针，如用此又用做遮风及偃角者，方可使之。今之匠人又有不使垂鱼者，只使直板作，如意只作雕云样者，亦好，皆在主人之所好也。

垂鱼，也称“悬鱼”，为建筑细部，其造型变化很多，有单鱼也有双鱼，进而累加太极、如意头与花草图纹，其作用为装饰山墙、美化建筑侧面与吉祥辟邪。

按本条目介绍，大凡造作垂鱼，必须按营造法则的正规标准。当时有的匠人认为复杂，只在做遮风及偃角时，才做这种垂鱼。也有匠人不采用垂鱼形状的，做成直板形，如意也只是雕成云的纹样，这样正好随主人家的爱好。

诸样垂鱼正式（万历本《鲁班经》）

驰峰正格

驰峰之格，亦无正样。或有雕云样，或有做毡笠样，又有做虎爪如意样，又有雕瑞草者，又有雕花头者，有做球捧格，又有三蚌。或今之人多只爱使斗立，儿童乃为时格也。

驰峰，当为“驼峰”之误。驼峰托脚是指梁架之间的一种构件。按本条目介绍，驼峰的式样，没有规定标准。有的雕刻成云的样式，有的做成毡笠的样式，又有的做成虎爪、如意的样式。还有雕刻成瑞草、花头、球捧等样式，以及三蚌的样式。

驰峰正格（万历本《鲁班经》）

《鲁班经》有关民间家畜家禽的圈栏等条款，主要是介绍建造时的禁忌及如何择吉日等，具体的建造做法几乎没有提及。不过，有的条目并不尽然着眼于术数，而依据实际的生活经验，如牛栏建在“近在人屋之畔”，就是考虑到牛性怕寒，要使牛温暖。

五音造牛栏法

夫牛者本姓李，元是大力菩萨，切见凡间人力不及，特降天牛来助人力。凡造牛栏者，先须用术人拣择吉方，切不可犯倒栏杀，牛黄杀，可用左畔是坑，右畔是田王，牛犊必得长寿也。

倒栏杀、牛黄杀，都是修造中应避免的凶煞。按本条目，凡是修造牛栏的人家，首先须请术士择算吉利的方位，千万不要触犯倒栏杀、牛黄杀，一般是在牛栏的左边挖坑，右边靠近田地，认为牛犊就可健康长寿。

所谓五音，即宫、商、角、徵、羽。古代风水中有五音姓利说，把所有的姓氏分为五种，各属一音，其与五行相配，角音姓属木，徵音姓属火，商音姓属金，宫音姓属土，羽音姓属水。其法以生本姓之音及与本姓之音比和为吉，以克本姓之音为凶。如赵为角姓，五行属木，则宜纳音是水，或是木之年月日或方建造牛栏，如果用纳音金年月日或方造牛栏，则为克我，主损牛，不吉。

又有五音造牛栏诗曰：宫音庚癸地为吉，商音庚亥利无比，丁亥方道角音好，甲庚地上徵音求，惟有未庚羽音吉，外无凶占旺千秋。

造栏用木尺寸法度

用寻向阳木一根，作栋柱用，近在人屋之畔，牛性怕寒，使牛温暖。其柱长短尺寸用压白，不可犯在黑上。舍下作栏者，用东方采株木一根，作左边角柱用，高六尺一寸，或是二间四间，不得作单间也。人家各别椽子用，合四只则按春夏秋冬阴阳四气，则大吉也。不可犯五尺五寸，乃为五黄，不祥也。千万不可使损坏的为牛栏开门，用合二尺六寸大，高四尺六寸，乃为六白，按六畜为好也。若八寸系八白，则为八败，不可使之，恐损群队也。

按条目介绍，造牛栏须先以向阳的树木作为栋柱，牛舍要靠近人的房屋旁边，因为牛生性怕寒，应当让牛温暖。其柱的长短尺寸合压白，不可犯在“黑”的上面。牛舍下修造木栏，需用在东方采伐来的树木一根，作为左边的角柱，高为六尺一寸。要造两间或是四间，其间数不得为单数。有的主人家把木料作为椽子，可采用四只，应合春夏秋冬阴阳四气，则为大吉大利。不可用到五尺五寸，因为五为五黄，是不祥的数字。做牛栏的门，宜做二尺六寸大、高四尺六寸，这样才符合六白，照这样的做法，六畜才会平安无事。如足八寸就是遇八白，其谐音是“八败”，不可使用这样的尺寸。

为什么牛舍不宜做单间呢？因为牛在十二生肖中排第二位，为阴，用双间合其性，用单间则反其性，故凶。

紫白飞星的第五颗星叫五黄，因它居于中宫，所以其五行属土。但五黄又属廉贞星，属火。故按照九宫飞星的推算方法，当五黄居于中宫时，五行为土；若飞出中宫，不论居于哪个方位，都要以火论。《河洛生克吉凶断》有云：“五黄土为戊己大煞，不论生克俱凶。宜安静，不宜动作。年神并临，即损人丁，轻则灾病，重则连丧到五数止。季子昏迷痴呆，孟仲官讼淫乱。”《玉镜》云：“八山最怕五黄来，纵有生气绝资财。凶中又遇堆黄（五黄重叠）到，弥深灾祸哭声哀。”《安宅定论》云：“五黄所在宜安静，不宜动作，主瘟病、横灾，应五数人。以五黄为瘟病之主，定数五也。”《探微》云：“五黄中央戊己土，飞出外方是恶火。”所以五黄之杀其性最烈，其祸最酷，其方绝不宜动。由此看出，五黄是古代术数学中非常忌讳的凶星。《鲁班经》则将其引用到建筑学中，以其所应尺寸论吉凶，故尾数为五，则是犯了五黄大杀，主大凶。

不过，三元九运之中，五黄又居正中，谓之“皇极”，如果其星生旺，是非常尊贵的，不仅福寿全备，且居临正位，至大至尊，以制八方。所以皇宫建筑尺寸又以五数为美，故宜区别。

造牛栏诗

诗曰：鲁般法度创牛栏，先用推寻吉上安，必使工师求好木，次将尺寸细详看。但须不可当人屋，实要相宜对草岗，时师依此规模作，致使牛

牲食禄宽。

按这首诗中所述，建造牛栏要依鲁班尺的标准，先要推测吉数并安排在合适的尺寸上。必须要让工匠寻求好木，然后仔细测量推算尺寸。不过，牛栏千万不能对着人居住的房宅，要朝向长满草的山岗才适宜。

合音指诗

不堪巨石在栏前，必主牛遭虎咬遭，
切忌栏前大水窟，主牛难使鼻难穿。
又诗
牛栏休在污沟边，定堕牛胎损子连，
栏后不堪有行路，主牛必损烂蹄肩。

这二首诗介绍了造牛栏的诸般禁忌：巨石不能横在牛栏前面，否则牛必定会遭虎咬伤而行走困难；牛栏前面切不可有大水窟，否则牛会不听使唤；牛栏忌讳修在污水沟的旁边，这必定会使牛堕胎殃及牛腹中的牛仔；牛栏后面不能有人过往的道路，否则牛的肩和蹄会遭损烂。

牛黄诗

牛黄一十起于坤，二十还归震巽门，
四十宫中归乾位，此是神仙妙诀根。

古代术数家认为，牛黄煞在八月入栏，在这段时间不可修造牛栏，要到第二年三月牛黄煞才出栏，此时才可修造。还有一种说法是，牛黄煞在子、丑、寅、卯日占据仓库的方位，辰、巳、午、未日藏于官署中，申、酉、戌、亥日才进入牛的栏房，所以申、酉、戌、亥这四日要禁忌修造牛栏。

定牛入栏刀砧诗

春天大忌亥子位，夏月须在寅卯方，秋日休逢在巳午，冬时申酉不

可装。

这里谈到牛入栏要避开刀砧煞的方位：春天应禁忌亥子位，夏天的月份必须在寅卯的方位，秋季要避开巳午日，冬时遇到申酉日牛栏不可装牛。

其中的道理为：春天木旺，泄水的气，所以要忌亥、子的方位；夏天火旺，泄木的气，所以要忌寅、卯的方位；秋天金旺，泄火的气，由于金长生于巳，所以要忌巳、午的方位；冬天水旺，泄金的气，所以要忌申、酉的方位。因这些方位的气已完全泄散，因此是不吉利的。

起栏日辰

起栏不得犯空亡，犯着之时牛必亡。癸日不堪行起造，牛瘟必定两相妨。

开始建造牛栏的日子不能触犯空亡，触犯之后牛必遭死亡之灾。癸日也不能修建牛栏，这样不但牛会得瘟病，且对人与牛都有不祥之兆。

空亡之杀有很多，有浮天空亡、头白空亡、截路空亡、天空亡、地空亡等。这里所指的空亡应是“六甲空亡”，是用十天干配十二地支，每旬中没有天干的两个地支就是空亡。如甲子旬中天干从甲到癸，十干配地支，从子到酉十支，戌亥两支没有天干，戌亥就是甲子旬中的空亡，其方就是空亡方。六甲空亡如下（年月日时同）：

甲子旬中戌亥空亡，甲戌旬中申酉空亡，

甲申旬中午未空亡，甲午旬中辰巳空亡，

甲辰旬中寅卯空亡，甲寅旬中子丑空亡。

占牛神出入

三月初一日，牛神出栏。九月初一日，牛神归栏。宜修造，大吉也。牛黄八月入栏，至次年三月方出，并不可修造，大凶也。

按本条目所述，三月初一为牛神出栏日。九月初一为牛神归栏日。适宜修造牛栏，最吉利。而牛黄煞八月入栏，到第二年的三月才出来，这段时间不可修建牛栏，否则有大凶降临。

岁牛神的方位为：子年在震巽方，丑年在巽艮方，寅年在艮乾方，卯年在酉巽方，辰年在离艮方，巳年在栏乾方，午年在震巽方，未年在卯艮方，申年在巽乾方，酉年在坤巽方，戌年在艮离方，亥年在坤乾方。

造牛栏样式

凡做牛栏，主家中心用罗线踃看，做在奇罗星上吉。门要向东，切忌向北。此用杂木五根为柱，七尺七寸高，看地基宽窄而佐不可取，方圆依古式，八尺二寸深，六尺八寸阔，下中上下枋用圆木，不可使扁枋为吉。

生门对牛栏，羊栈一同看，年年官事至，牢狱出应难。

按本条目介绍，做牛栏的时候，要在房宅的中轴线用罗盘依次移动查看，尺寸压在奇罗星上为吉利。门要朝向东方，切忌朝向北方。选用五根杂木为柱子，其高度为七尺七寸，根据地基的宽窄而不可有偏差。其面积按照古时的标准，八尺二寸深，六尺八寸宽，安装下中上的枋要用圆木，不能使用扁枋，否则不吉利。

而且，生门如果对着牛栏，牛栏正对着羊栈，也是不吉的。这里所谓生门，即东北方。其中的道理是：生门本来是吉方，但牛属丑，居艮，若正对牛栏是犯伏吟，故凶；羊属木，居坤方，与丑方正好对冲，若正对羊栏，是犯了反吟，亦凶。

论逐月造作牛栏吉日

正月庚寅。二月戊寅。三月己巳。四月庚午、壬午。五月己巳、壬辰、丙辰、乙未。六月庚申、甲申、乙未。七月戊申、庚申。八月乙丑。九月甲戌。十月甲子、庚子、壬子、丙子。十一月乙亥、庚寅。十二月乙丑、丙寅、戊寅、甲寅。

右不犯魁罡、勾绞、牛火、血忌、牛飞廉、牛腹胀、牛刀砧、天瘟、九空、受死、大小耗、土鬼、四废。

本条目谈造作牛栏择吉，认为这些吉日可避开诸多神煞。

牛栏式（万历本《鲁班经》）

五音造羊栈格式

按《图经》云：羊本姓朱，凡人家养羊作栈者，用选未生果子，如椑树之类为好，四柱乃象四时。四季生花结子长青之木为美，最切忌不可使枯木。柱子用八条，乃按八节。椽子用二十四根，乃按二十四气。前高四尺一寸，下三尺六寸，门阔一尺六寸，中间作羊栟并用，就地三尺四寸高，主生羊子绵绵不绝，长远成群，吉。不可不信，实为大验也。

紫气上宜安四柱，三尺五寸高，深六尺六寸，阔四尺另二寸，柱子方圆三寸三分，大长枋二十六根，短枋共四根，中直下尊齿，每孔分一寸八分，空齿孔二寸二分，大门开向西方吉。底上只用小竹穿进，要疏些，不用密。

逐月作羊栈吉日：

正月：丁卯、戊寅、己卯、甲寅、丙寅。二月：戊寅、庚寅。三月：己卯、丁卯、甲申、己巳。四月：庚子、癸丑、庚午、丙子、丙午。五月：壬辰、癸丑、乙丑、丙辰。六月：甲申、壬辰、庚申、辛酉、辛亥。

七月：庚子、壬子、甲午、庚申、戊申。八月：壬辰、壬子、癸丑、甲戌、丙辰。九月：癸丑、辛酉、丙戌。十月庚子、壬子、甲午、庚子。十一月：戊寅、庚戌、壬辰、甲寅、丙辰。十二月：戊寅、癸丑、甲寅、甲子、乙丑。

以上吉日，不犯天瘟、天贼、九空、受死、飞廉、血忌、刀砧、小耗、大耗、土鬼、正四废、凶败。

按本条目所述，修造羊圈，取材应当选择没长果子的树木，如椑树之类最好。四根主要的柱子，应象征四时，所以选取四季开花结果的长青树木为好，切忌使用枯木。小柱子用八根枝条，也是为了暗合于八节。椽子用二十四根，是为了暗合于二十四节气。前面高度为四尺一寸，后面的则三尺六寸，门宽一尺六寸。中间同时建造羊栟，高出地面三尺四寸，预示小羊羔将绵绵不绝地出生，永远成群结对。

另外，在紫气升起的地方适宜安放四柱，柱高为三尺五寸，进应深为六尺六寸，圈为四尺零二寸。柱子截面直径为三寸三分，大长枋共计二十六根，短的枋共四根，中间直接做尊齿，每孔分一寸八分，空齿孔为二寸二分，大门朝向西方开。底部只用小竹穿进，要稀疏些，不必太密集。

羊栈格式（万历本《鲁班经》）

马厩式

此亦看罗经，一德星在何方，做在一德星上吉。门向东，用一色杉木，忌杂木。立六根柱子，中用小圆梁二根扛过，好下夜间挂马索。四围下高水椹板，每边用模方四根才坚固。马多者隔断几间，每间三尺三寸阔深，马槽下向门左边吉。

按本条目介绍，修造马厩也要看罗盘，看主人的一德星在哪个方位，就在这个方位上营造马棚。马棚的门要朝向东方开，一律用杉木，不可用其他杂木。竖立六根柱子，中间横放两根小圆梁，方便夜间挂马索。在四周置放较高的水椹板，每边用四根模方，这样才坚固。要是马多，就把马棚隔断成几间，每间的宽和进深为三尺三寸。马槽要摆放在向门的左边位置上。

马厩式（万历本《鲁班经》）

马槽样式

前脚二尺四寸，后脚三尺五寸高，长三尺，阔一尺四寸，柱子方圆三寸大，四围横下板片，下脚空一尺高。

按本条目所述，马槽的前脚应为二尺四寸高，后脚的高应为三尺五寸，长三尺，宽为一尺四寸。柱子的截面为三寸大，在四周横放木板片，底部离地高应为一尺。

马鞍架

前二脚高三尺三寸，后二只二尺七寸高，中下半柱，每高三寸四分，其脚方圆一寸三分大，阔八寸二分，上三根直枋，下中腰每边一根横，每头二根，前二脚与后正脚取平，但前每上高五寸，上下搭头，好放马铃。

按本条目介绍，做马鞍架，前两只脚应为三尺三寸高，后两只脚的高应为二尺七寸，中间可立半柱，柱高一般为三寸四分，柱脚的断面直径为一寸三分。马鞍架的宽为八寸二分，上面安三根直枋，中腰处木枋每边安放一根横的，两端用二根。前两脚与后正脚取一样平，一般前脚应比后脚高出五寸，上下做搭头，以便放马铃。

逐月作马枋吉日

正月丁卯、己卯、庚午。二月辛未、丁未、己未。三月丁卯、己卯、甲申、乙巳。四月甲子、戊子、庚子、庚午。五月辛未、壬辰、丙辰。六月辛未、乙亥、甲申、庚申。七月甲子、戊子、丙子、庚子、壬子、辛未。八月壬辰、乙丑、甲戌、丙辰。九月辛酉。十月甲子、辛未、庚子、壬午、庚午、乙未。十一月辛未、壬辰、乙亥。十二月甲子、戊子、庚子、丙寅、甲寅。

本条目介绍每个月适宜修造马枋的吉日。

猪栏样式

此亦要看三台星居何方，做在三台星上方吉。四柱二尺六寸高，方圆七尺，横下穿枋，中直下大粗窗，齿用杂方坚固。猪要向西北，良工者识之，初学切忌乱为。

所谓三台星，即三台星君，为紫薇斗术紫微星系中的一种星神。按古代术数家的观点，三台星神为星宿之尊，和阴阳而理万物，主宰人间财禄和福寿。

按本条目所述，建造猪圈当建在三台星方位上才是吉利的。四柱的高为二尺六寸，猪圈面积为七尺，横放穿枋，中间做直的大粗窗，窗齿使用杂木来支撑才坚固。猪圈的门要朝向西北方向开。

逐月作猪栏吉日

正月丁卯、戊寅。二月乙未、戊寅、癸未、己未。三月辛卯、丁卯、己巳。四月甲子、戊子、庚子、甲午、丁丑、癸丑。五月甲戌、乙未、丙辰。六月甲申。七月甲子、戊子、庚子、壬子、戊申。八月甲戌、乙丑、癸丑。九月甲戌、辛酉。十月甲子、乙未、庚子、壬午、庚午、辛未。十一月丙辰。十二月甲子、庚子、壬子、戊寅。

本条目介绍每月修造猪栏的吉日。又根据古制，猪栏门高二尺，阔二尺五寸。

按古代择吉通书，又有：

修猪栏吉日：宜用申子辰，切忌正四废、飞廉、刀砧、天贼日。

安猪槽吉日：宜禄旺在亥，及合神、三合日，主合龙德，天月合日。

造猪牢法：猪宜宫音，大墓辰，小墓戌，大凡属音使用之。第一放寅申水大旺，辰戌客猪自为来，巳水瘦死，午水自食子，未兼鸡鸣主瘦死，申水旺盛，酉水因猪遭官，戌水一头，亥水绝种，子水无踪。

猪牢放水歌诀：

猪牢水流寅，不食自然肥，放去不曾失，猛兽不可欺。

水流申地好，放去终不走，猪足生货币，入钱常自有。

戌亥若低悬，其牢不可安，当防外灾死，何曾卖得钱。

戌亥若长高，其猪得满牢，豚子未经久，肚里油似膏。

己辰有泥污，其猪走满路，呜呼不肯归，山上觅宿处。

辰巳错回盘，其猪自满栏，寅上杀百恶，虎狼不敢欺。

水流放于乾，此牢不堪然，牢边十步地，无猪有空栏。

辰巳有高峰，其猪大如龙，子亥山长大，牢内贮不容。

辰戌山肥满，猪子不闹栏，其位怕低垂，猪瘦只有皮。

水流入巽巳，一个也须死。

开门辰巳向，虎狼并盗贼，门向引于西，水流走更远，

纵若有其猪，皮骨相连时，乾坤若不足，辰巳无势时。

但存济乌经，吕才同此用，术者仔细详，拣择要相当。

按：猪为亥之属肖，亥水长生于申，亥与寅相合，所以寅申之水大旺。与巳相冲，墓于辰，故辰巳水凶。

六畜肥日

春申子辰、夏亥卯未、秋寅午戌、冬巳酉丑日。

六畜，即马、牛、羊、猪、犬、鸡。古人认为按条目中的日子修造，当使这六畜肥壮。另外，择日术在六畜肥日以外，还有六畜瘦日。会使六畜瘦的修造日子有：春季的巳酉丑日，夏季的寅午戌日，秋季的亥卯未日，冬季的申子辰日。

鹅鸭鸡栖式

此看禽大小而做，安贪狼方。鹅栖二尺七寸高，深四尺六寸，阔二尺七寸四分，周围下小窗齿，每孔分一寸阔。鸡鸭稠二尺高，三尺三寸深，二尺三寸阔，柱子方圆二寸半，此亦看主家禽鸟多少而做，学者亦用，自思之。

栖，这里指鹅、鸭、鸡等家禽止息的笼子。依本条目所述，鹅、鸭、鸡的圈笼当依照家禽的大小来做，适宜安放在贪狼的方位。鹅笼的应为二

尺七寸高，进深为四尺六寸，面宽为二尺七寸四分，周围排列小窗孔，每个窗孔为一寸宽。鸡鸭的笼高为二尺、三尺三寸深、二尺三寸宽，柱子的截面为二寸半。圈笼的大小，也要根据主人家所养禽鸟的多少来做。

鸡栖样式

两柱高二尺四寸，大一寸二分，厚一寸。梁大二寸五分，一寸二分。大窗高一尺三寸，阔一尺二寸六分，下车脚二寸大，八分厚，中下齿仔五分大，八分厚，上做滔环二寸四大，两边桨腿与下层窗仔一般高，每边四寸大。

按本条目所述，做鸡笼时，两柱应为二尺四寸高，其截面应为一寸二分，宽为一寸长。梁的截面长为二寸五分，宽为一寸二分。大的窗高为一尺三寸，宽为一尺二寸六分，做车脚，其截面为二寸大、八分厚，中下部的细条断面为五分大、八分厚，上面做滔环二寸四大，两边桨腿与下层小窗一般高，每边分别为四寸大小。

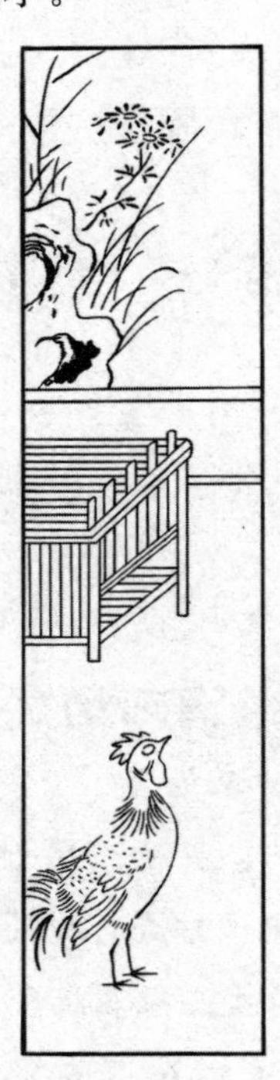

鸡栖样式（万历本《鲁班经》）

五、家具与日常器用制作

《鲁班经》是记载我国传统家具尤其是明清家具制造的硕果仅存的一部古籍。它以图文并茂的方式，详细记录了当时民间日常生活用具和家具的型式、构造、尺度和材料要求，包括传世极少的明式家具名称、工艺，还有家具部件、线脚、雕饰工艺的名称、术语等。

《鲁班经》成书于明朝万历年间，正值传统家具的黄金时代，无论在尺度、功能还是结构榫卯、式样造型等方面，这一时期的家具都达到高度的水平，在世界家具史上占有重要的地位。当时绘制、雕刻图式的技术已有相当高的水平，所以书中清晰地描绘了各种家具的形状，几乎涵盖了全部明代家具的内容。因此，这本书对我们今日研究古典家具和指导家具生产，都有非常重要的意义。

著名文物专家王世襄先生1980年曾在《故宫博物院院刊》上发表名为《〈鲁班经匠家镜〉家具条款初释》的万字长文，对这些家具条款，逐条校正其中的错字、漏字，并详细解释其术语和考证其家具源流。在此文中，王世襄先生评价《鲁班经》说："它是现今仅存的、出于工匠之手、图文兼备、有关木工的一部古籍……是有关古代家具仅存的一份重要材料，对明代家具研究者来说，更是一部必读之书。""如果说关于房屋营造的传世图书有《营造法式》、《工程做法》那样文图对照、卷帙浩繁的煌煌巨著的话，关于家具，有文有图的古籍，恐怕只有这薄薄一册的《鲁班经匠家镜》（即《鲁班经》）了。"

王世襄先生还认为，《鲁班经》在以下几方面为我们提供了可贵的或值得注意的材料：

1. 它记录了古代工匠叙述家具做法的、成套而有一定程序的语言。

2. 开列了多种家具名称及其常规尺寸。

3. 讲到家具部位、构件、线脚、雕饰及工艺做法的名称、术语。

4. 书中图式较真实地描绘了当时家具的形象。

5. 提出了传世稀少、现在很难遇到的明代家具品种和做法。如：整体像一间小屋的大床，四足安装转轮的柜，足部可以折叠的桌子，用藤条编成透空隔扇心的床，四扇门的药柜，有靠背的大长凳，全部用板片制成的柜子等。尤其是板制柜子，反映了民间的简易造法，更值得我们注意。

6. 提出了用材选料的要求，如药箱必须用杉木，做交椅的材料要硬而干，看明有无节疤等等。

7. 图式描绘了当时木工操作情况及木工工具。

8. 家具条款和本书其他条款一样，也反映了封建迷信的东西。如大床的转芝门可以宽九寸九分，但“切忌一尺大”。这一分之差，竟至如此之非同小可，一定有什么吉凶、禁忌的讲究。

中国传统家具专家陈增弼先生也认为：“《鲁班经》是研究明代家具不可多得的重要文献，应当很好进行整理、发掘，使之为今天的家具设计生产服务。”

《鲁班经》中关于家具的条目主要见于卷二。本卷列有家具、器物用具，家具中有坐具（如杌子、板凳）、承具（如八仙桌、圆桌）、庋具（如衣箱、衣柜等）、卧具（如大床、籐床等）、架具（如衣架、面架）、屏具（如屏风、围屏）等六类，几乎包括了民间使用的全部家具。之外，还有日用器物用具及农具等，内容广泛，且非常适用。插图中有的虽看不出具体做法，但文字却详细地记录了各种家具、用具、农具的主要尺度，据此完全可以制作，是较完整的明代家具资料。

其内容可大致分为以下几类：

床类：包括大床（架子床）、凉床、藤床及禅床；

案几类：案桌、八仙桌、琴案、方桌、圆桌、一字桌、折桌、香几；

椅凳类：列有禅椅、板凳、琴凳、踏脚仔凳等；

屏风类：单屏、围屏；

箱类：扛箱、衣箱、药箱、衣笼；

橱柜类：转轮柜、药橱、衣橱、食格；

架类：衣架、镜架、面盆架、花架、铜鼓架、锣鼓架、烛台、灯、灯架、伞架等；

其他器具：棋盘、招牌、牌匾、茶盘、算盘、洗浴坐板、看炉、香炉等。

这其中包含的家具种类之齐全、设计之完美，至今仍是中国各地家具传统的精华。

床类

大床

下脚带床方共高二尺二寸二分，正床方七寸七分大，或五寸七分大，上屏四尺五寸二分高，后屏二片，两头二片阔者，四尺零二分，窄者三尺二寸三分，长六尺二寸，正领一寸四分厚，做大小片下，中间要做阴阳相合。前踏板五寸六分高，一尺八寸阔，前楣带顶一尺零一分。下门四片，每片一尺四分大，上脑板八寸，下穿藤一尺八寸零四分，余留下板片。门框一寸四分大，一寸二分厚，下门槛一寸四分三，接里面转芝门，九寸二分或九寸九分，切忌一尺大，后学专用记此。

大床，这里指架子外再设架子的拔步床，相当于一间上有房顶前有走廊、后用板墙围成的小屋。床体外设置踏板，踏板上设架如屋，有飘檐、拔步及花板。正领，即正柃，柃指栏杆的横木。阴阳相合，指床顶天花板以凸棱与凹槽的方式相衔接吻合，以防尘土下落。脑板，指门扇中较大的木板。

按条目介绍，做大型的拔步床，其脚连带床枋总高有二尺二寸二分，床正面的枋大为七寸七分，大也可为五寸七分，前屏高为四尺五寸二分，后屏二片，两头二片宽的为四尺零二分，窄的为三尺二寸三分，长为六尺二寸。正柃厚为一寸四分，分别做成大片和小片，中间以凸棱凹槽形式相衔接。前踏板高为五寸六分，宽一尺八寸。前楣包括顶部共计一尺零一分。做门四片，每片大为一尺四分，安装脑板为八寸。穿藤条一尺八寸零四分，其余留作板片。门框大为一寸四分、厚一寸二分。门槛为一寸四分三，连接里面可以转动的芝门，芝门为九寸二分或九寸九分，禁忌做成一尺大。

大床（万历本《鲁班经》）

凉床式

此与藤床无二样，但踏板上下栏杆要下长，柱子四根，每根一寸四分大。上楣八寸大，下栏杆前一片，左右两二万字或十字，挂前二片止作一寸四分大，高二尺二寸五分，横头随踃板大小而做，无误。

凉床，为古时拔步床之一。据《荆钗记》载："可将冬暖夏凉描金漆拔步大凉床搬到十二间透明楼上。"其床顶由木框造成，便于安挂蚊帐。与四壁有如小屋、上顶由木板造成的大床不同。按本条目介绍，做凉床与做藤床的方法一样，但踏板上面的栏杆一定要做长些，柱子为四根，每根大为一寸四分。上楣大为八寸，做栏杆前一片，左右两侧各做两个万字或十字形，挂在前面的二片只作一寸四分大，二尺二寸五分高，横头（古代木床前方的横木）可根据踏板大小来做。

藤床式

下带床方一尺九寸五分高，长五尺七寸零八分，阔三尺一寸五分半。上柱子四尺一寸高，半屏一尺八寸四分高，床岭三尺阔，五尺六寸长，框一寸三分厚。床方五寸二分大，一寸二分厚，起一字线好穿藤。踏板一尺二寸大，四寸高，或上框做一寸二分，后脚二寸六分大，一寸三分厚，半合角记。

古代的床面一般用铺板或穿藤等形式，其中穿藤的床就叫藤床。按本条目介绍，造此床从床脚到床枋高为一尺九寸五分，长为五尺七寸零八分，宽为三尺一寸五分半。安上柱子高为四尺一寸，做半截屏高为一尺八寸四分。床柃宽为三尺，长为五尺六寸。框为一寸三分厚。床枋为五寸二分大，一寸二分厚，画一字形墨线便于穿藤。踏板宽为一尺二寸，高四寸。上框可做为一寸二分，后脚为二寸六分大，一寸三分厚，千万不要采用半合角的形制。

藤床式（万历本《鲁班经》）

逐月安床设帐吉日

正月：丁酉、癸酉、丁卯、己卯、癸丑。

二月：丙寅、甲寅、辛未、乙未、己未、乙亥、己亥、庚寅。

三月：甲子、庚子、丁酉、乙卯、癸酉、乙巳。

四月：丙戌、乙卯、癸卯、庚子、甲子、庚辰。

五月：丙寅、甲寅、辛未、乙未、己未、丙辰、壬辰、庚寅。

六月：丁酉、乙亥、丁亥、癸酉、丙寅、甲寅、乙卯。

七月：甲子、庚子、辛未、乙未、丁未。

八月：乙丑、丁丑、癸丑、乙亥。

九月：庚午、丙午、丙子、辛卯、乙亥。

十月：甲子、丁酉、丙辰、丙戌、庚子。

十一月：甲寅、丁亥、乙亥、丙寅。

十二月：乙丑、丙寅、甲寅、甲子、丙子、庚子。

安床设帐为入宅之要，古人特别重视，认为不仅会引起人事、世情方面的祸福，且直接关系到子息多少、健夭。以上列出的，即为安床设帐吉利之日。但术家认为，吉日并非绝对，如果该日恰逢天瘟、天贼、荒芜、受死、卧尸、魁罡勾绞、死气、九空、伏游、红嘴朱雀、死别、火星、胎神等凶煞，仍不可用。

禅床式

此寺观庵堂，才有这做。在后殿或禅堂两边，长依屋宽窄，但阔五尺，面前高一尺五寸五分，床矮一尺。前平面板八寸八分大，一寸二分厚，起六个柱，每柱三寸方圆。上下一穿，方好挂禅衣及帐帏。前平面板下要下水椹板，地上离二寸下方好盛板片，其板片要密。

禅床，即寺观中供坐禅用的床榻。这种床只有寺观庵堂才做，置放在后殿或禅堂的两边。按本条目介绍，其长度根据屋的宽窄确定，宽为五尺，前面高为一尺五寸五分，床矮为一尺。前平面板八寸八分大，一寸二分厚，立起六个柱，每柱断面为三寸。上下用一根穿枋，方便挂禅衣及帏帐。前平面板的下边要安装水椹板，离地面二寸，下面才好盛放板片，其板片要紧密无缝。

案几类

桌

高二尺五寸，长短阔狭看按（案）面而做。中分两孔，按面下抽箱或六寸深，或五寸深，或分三孔，或两孔。下踃脚方与脚一同大，一寸四分厚，高五寸，其脚方员一寸六分大，起麻横线。

本条目所介绍的，是一种带抽屉的桌。这种桌一般可做二尺五寸高，长短宽窄根据桌面大小来做。桌的侧面均分成两孔，以安装桌面下的抽屉，抽屉做成六寸深，或五寸深。可分成三孔，或分为两孔，也可在两孔间做梢头。脚下的木枋与脚一样粗，厚一寸四分，高五寸，其脚的截面为一寸六分粗，从此处开始画麻横线。

案桌式

高二尺五寸，长短阔狭看按面而做。中分两孔，按面下抽箱或六寸深，或五寸深，或分三孔，或两孔。下踏脚方与脚一同大，一寸四分厚，高五寸，其脚方圆一寸六分大，起麻横线。

“案”本为古食器，为盘盂之类的器物。《急就篇》注：“无足曰盘，有足曰案，所以陈举食也。”战国、两汉时案多以木制，上面饰以彩纹。“案”又指狭长的承具，如书案、平头案等。这个意义的案，其作用相当于桌。

本条与上条系重出，文字几乎一致，仅踏（踃）、圆（员）二字不同。

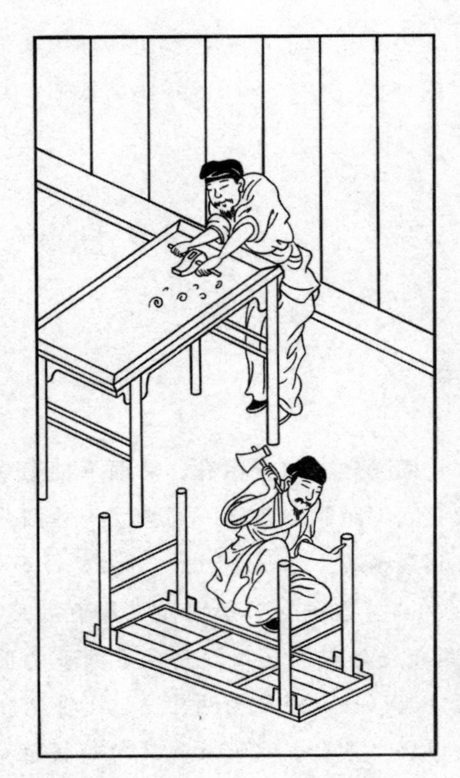

案桌式之一（万历本《鲁班经》）

案桌式之二（万历本《鲁班经》）

八仙桌

高二尺五寸，长三尺三寸，大二尺四寸，脚一寸五分大。若下炉盆，下层四寸七分高，中间方员九寸八分无误。勒木三寸七分大，脚上方员二分，线桌框二寸四分大，一寸二分厚，时师依此式大小，必无一误。

八仙桌，指桌面较宽的方桌，每边可坐两人，四边围坐八人，故名。现在可考的八仙桌至少在辽金时代就已经出现，明清盛行，尤其是清代无论是达官显贵还是平头百姓几乎家家都可以寻到八仙桌的影子，甚至成为很多家庭中唯一的大型家具。

明清时的八仙桌一般宽、长各三尺余，不过本条目所介绍的所谓“八仙桌”，并非方桌，乃是长方桌。其高可做二尺五寸，长为三尺三寸，宽为二尺四寸，其脚为一寸五分粗。如下边做炉盆，则下层高为四寸七分，中间的面积为九寸八分。将木料挖刻为三寸七分大，脚上的断面为二分，画桌框的墨线大为二寸四分，厚一寸二分。

从结构和用途上讲，八仙桌的流行存在着很大的必然性。在大型家具中，八仙桌的结构最简单，用料最经济，也是最实用的家具。其使用方便，形态方正，结体牢固。亲切、平和又不失大气，有极强的安定感，这也使得八仙桌成为上得大雅之堂的中堂家具。无论厅堂装饰的典雅还是简单，甚至粗糙，只要空间不是特别逼仄，摆上一张八仙桌，两侧放两把椅子，就会产生非常稳定的感觉，如一位大儒，稳定平和。

小琴桌式

长二尺三寸，大一尺三寸，高二尺三寸，脚一寸八分大，下梢一寸二分大，厚一寸一分，上下琴脚勒木二寸大，斜斗六分。或大者放长尺寸，与一字桌同。

琴桌，与拱桌相似，但稍低矮狭小，大多依墙而设，仅作为陈设之用，因此琴桌的式样较多。

本条目介绍的，是一种有束腰的小琴桌。其可做二尺三寸长，宽为一尺三寸，高为二尺三寸。脚柱截面大为一寸八分，脚柱下梢截面大为一寸二分，厚一寸一分，做琴脚时要刨刻木料大为二寸，斜斗为六分。较大的琴桌要放长尺寸，和一字桌一样。

棋盘方桌式

方圆二尺九寸三分，脚二尺五寸高，方员一寸五分大，桌框一寸二分厚，二寸四分大，四齿吞头四个每个七寸长，一寸九分大，中截下绦环脚或人物，起麻横出色线。

棋盘方桌，可以有两种理解，一为桌面刻有棋盘的方桌，相对的两边设有可供存放棋子用的角箱；一为桌面方方正正，形似棋盘的一般方桌。

按本条目介绍，此类方桌的长宽可做二尺九寸三分，脚高为二尺五寸，其截面为一寸五分大，桌框为一寸二分厚，二寸四分大。四齿的吞头四个，每个七寸长、一寸九分大，中间部分可做成绦环脚或刻画人物，由此处画麻横出色墨线。

圆桌式

方二尺零八分，高二尺四寸五分，面厚一寸三分。串进两半边做，每边桌脚四只，二只大，二只半边做合进桭一般大，每只一寸八分大，一寸四分厚，四围三湾勒水。余仿此。

圆桌，指桌面呈圆形的桌子。常设六腿，也有直径较小只设五腿的。从流传下来的实物来看，明式圆桌多做成两张半圆桌（也叫“月牙桌”）拼成一张圆桌。本条目所介绍的做法与实物是完全吻合的。

按本条目介绍，这种桌的直径为三尺零八分，高为二尺四寸五分。桌面厚为一寸二分，用两个半边木板拼串相接，每半边有桌脚四只，两只脚较大，另外两只脚用一般大的两个半边长木合并做成。每只脚的截面为一寸八分大、一寸四分厚，四围做三弯勒水。其余部分照这些尺寸来做。

一字桌式

高二尺五寸，长二尺六寸四分，阔一尺六寸，下梢一寸五分，方好合进。做八仙桌勒水，花牙二寸五分大，桌头三寸五分长，桓一寸九分大，一寸二分厚，框下关头八分大，五分厚。

一字桌，即一字形的平头案。按本条目介绍，这种一字桌可做二尺五寸高，二尺六寸四分长，一尺六寸宽。梢可做成一寸五分，这样才好拼合木板。做八仙桌的勒水花牙，三寸五分大。桌头为三寸五分长，桓为一寸九分大、一寸二分厚，框下做八分大、五分厚的关头（明清家具中，称条案等抹头下与牙板交接的横木为“关头”）。

折桌式

框一寸三分厚，二寸二分大。除框脚高二尺三寸七分整，方圆一寸六分大，要下稍去些。豹脚五寸七分长，一寸一分厚，二寸三分大，雕双线，起双沟（钩），每脚上二笋（榫），开豹脚上，方稳不会动。

折桌，指桌腿可以折叠的桌。按本条目介绍，此桌的框可做一寸三分厚、二寸二分大。制作较粗的框脚，高为二尺三寸七分正，截面积为一寸六分大，做较细小的框脚，尺寸就应减去一些。豹脚的长为五寸七分，厚为一寸一分，大为二寸三分，从雕刻双线处起画双钩。每只脚上安两个榫，在豹脚上开凿卯眼，这样才能稳当而不会滑动。

香几式

凡佐香几，要看人家屋大小若何。而大者，上层三寸高，二层三寸五分高，三层脚一尺三寸长，先用六寸大，后做一寸四分大，下层五寸高，下车脚一寸五分厚。合角花牙五寸三分大，上层栏杆仔三寸二分高，方圆做五分大，余看长短大小而行。

古代人习惯席地而坐，几是他们坐时的侧靠用具，到春秋战国时期，几不仅可以依靠俯伏，还能承托各种器物。所谓香几，指陈放香炉的几案，多为圆形，方形较少，腿足弯曲较为夸张。不论在室内还是在室外，香几大多居中放置，宜于观赏，以体圆委婉多姿者为上品。

按本条目介绍，但凡做香几，应看主人家房屋的大小来决定。如果房屋较大，香几就可做大些。香几的上层可做三寸高，第二层可做三寸五分高，第三层连接脚为一尺三寸长，先用六寸大，后做一寸四分大。下层高为五寸，车脚做一寸五分厚，合角花牙大为五寸三分。上层的小栏杆高为三寸二分，直径大小做五分，其余尺寸根据香几的长短大小来制作。

椅凳类

禅椅式

一尺六寸三分高，一尺八寸二分深，一尺九寸五分深。上屏二尺高，两力手二尺二寸长，柱子方圆一寸三分大，屏上七寸，下七寸五分，出笋（榫）三寸，斗头下盛脚盘子四寸三分高，一尺六寸长，一尺三寸大，长短大小仿此。

禅椅，指古代僧人打坐用的椅子，比一般扶手椅大和宽敞些。力手，即扶手。斗头，指斗形的椅脚头。盛脚盘子，即搁脚的弧形踏板。盛脚即放脚或承脚之意。

禅床禅椅式（万历本《鲁班经》）

按本条目介绍，造禅椅的高为一尺六寸三分，深为一尺八寸二分，也可造一尺九寸五分深。上屏高为二尺，两扶手长为二尺二寸，柱子截面大为一寸三分，屏上有七寸，下为七寸五分，出榫为三寸。可在斗形椅脚头安装搁脚踏板，高为四寸三分，长一尺六寸，大一尺三寸，其余长短大小的尺寸可根据椅子大小来处理。

搭脚仔凳

长二尺二寸，高五寸，大四寸五分，大脚一寸二分大，一寸一分厚，面起剑眷线，脚上厅竹圆。

搭脚仔凳，就是一种可用于踏脚的小凳。剑眷线，为古代家具制作中采用的一种装饰线脚，其中间高，两旁有斜坡，形似宝剑的脊棱，故名。

搭脚仔凳式（万历本《鲁班经》）

按本条目介绍，这种小凳可做二尺二寸长，五寸高，四寸五分宽。脚的截面大为一寸二分，厚一寸一分。凳面画剑脊线，脚上画竹脚线即可。

校椅式

做椅先看好光梗木头及节次用，解开要干，枋才下手做。其柱子一寸大，前脚二尺一寸高，后脚二尺九寸三分高，盘子深一尺二寸六分，阔一尺六寸七分，厚一寸一分。屏上五寸大，下六寸大，前花牙一寸五分大，四分厚，大小长短，依此格。

校椅，即交椅，指一种足部相交、可以折叠的轻便坐具。交椅可分为两种：一种是直靠背交椅，一种是形似圈椅的圆靠背交椅。本条目介绍的是直靠背交椅。做这种校椅要首先选择好光整及有节次的木材，剖开木材的主干，方可下手做枋。其柱子为一寸粗，前脚为二尺一寸高，后脚为二尺九寸三分高。盘子的深为一尺二寸六分，宽为一尺六寸七分，厚一寸一分。靠背上面五寸大，下面六寸大。前花牙为一寸五分大、四分厚。其余大小长短，都可根据这些尺寸标准制作。

校椅式（万历本《鲁班经》）

据考，北方民族最先使用交椅，其可折叠、便携带的特点十分适合游牧生活的需要。宋代还流行一种圈背交椅，又名“太师椅”，在家具种类中，这是唯一用官衔命名的椅子。据传说，南宋宰相秦桧坐交床时头总是向后仰，以至巾帻堕下，京尹吴渊为了拍秦桧的马屁，特地在交床后部装上托背，“太师椅”之名由此而来。

交椅在古代乃是身份、地位的高贵象征，只有地位较高和有钱有势的人家才用，大多设在厅堂供主客享用，妇女和下人都只能坐圆板凳等。

板凳式

每做一尺六寸高，一寸三分厚，长三尺八寸五分，凳头三寸八分半长，脚一寸四分大，一寸二分厚，花牙勒水三寸七分大。或看凳面长短及粗细。尺寸一同，余仿此。

板凳，这里指用狭长的厚木板做的一种无靠背凳，具体尺寸没有一定的规格，往往视凳面材料的尺寸来定。花牙，指有雕饰的牙条。勒水花牙是明清家具术语，为牙条的一种，指屏风等设于两脚与屏座横档之间带斜坡的长条花牙，北京匠师称“披水牙子”，言其像墙头上斜面砌砖的披水。

按本条目介绍，板凳一般可做一尺六寸高、一寸三分厚，长三尺八寸五分。凳头为三寸八分半长。脚为一寸四分粗，厚一寸二分。勒水花牙为三寸七分大。还可以根据凳面的长短及粗细来做。尺寸比例大致相同，其他部位可仿照这种尺寸。

琴凳式

大者看厅堂阔狭浅深而做。大者高一尺七寸，面三寸五分厚，或三寸厚，即欹坐不得。长一丈三尺三分，凳面一尺三寸三分大，脚七寸（）分大。雕卷草双钩，花牙四寸五分半，凳头一尺三寸一分长，或脚下做贴仔，只可一寸三分厚，要除矮脚一寸三分才相称。或做靠背凳尺寸一同。但靠背只高一尺四寸，则止扩仔做一寸二分大，一尺五分厚，或起棋盘线，或起剑脊线，雕花亦如之。不下花者同样。余长短宽阔在此尺寸上

分，准此。

琴凳，指一种矮脚面宽、形似古琴的长形坐具，常放在厅堂中用。按本条目介绍，琴凳的大小可根据厅堂的阔狭浅深来制作。大的琴凳可做一尺七寸高，面板厚为三寸五分，也可三寸厚，没有靠背，因此不能斜靠着坐。凳长为一丈三尺三分，凳面宽为一尺三寸三分，凳脚粗为七寸。雕刻卷草纹样的双钩，花牙为四寸五分半，凳头长为一尺三寸一分，脚下可做小的木托（贴仔），只能做一寸三分厚，还要除去矮脚一寸三分才相配称。做靠背凳的尺寸也一样。靠背只能做一尺四寸高，小木架只可做二寸二分粗，一尺五分厚。或画棋盘线，或画剑脊线，雕花也可根据这些尺寸。不雕花的尺寸也一样。其余长短宽窄应在此尺寸上斟酌，根据此标准来定。

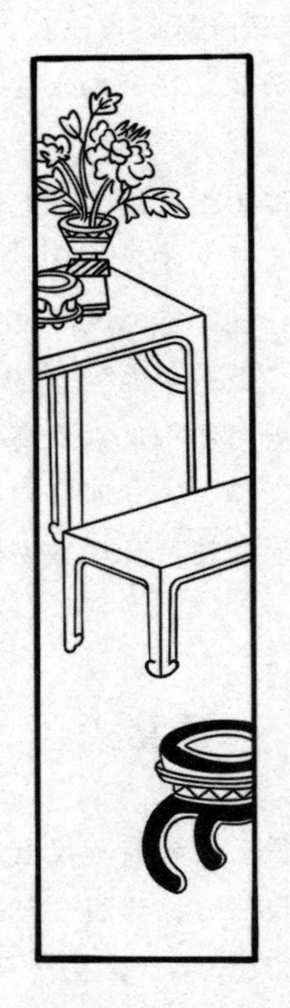

琴凳式（万历本《鲁班经》）

杌子式

面一尺二寸长，阔九寸或八寸，高一尺六寸，头空一寸零六分，昼（画）眼脚方圆一寸四分大，面上眼斜六分半，下横仔一寸一分厚，起剑脊线，花牙三寸五分。

杌子，即小矮凳。古代杌是一种矮而无枝上平的光木头，为一种非正式的坐具，宋代后才逐渐成为正式坐具。眼斜，即眼楔，指与孔相配合的木楔。本条目介绍的是侧脚显著的长方杌凳。根据介绍，这种杌子的面可做一尺二寸长，宽为九寸或八寸，高为一尺六寸，端头留出一寸零六分，在脚柱上画眼，其直径为一寸四分大，面板侧做木楔六分半粗细，做小屏板为一寸一分厚，画剑脊线，花牙为三寸五分。

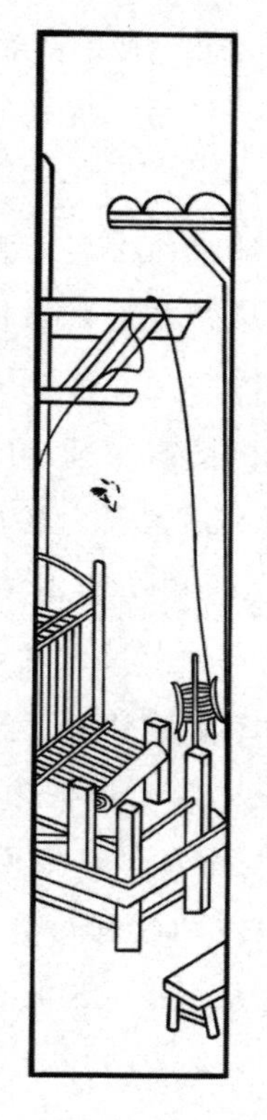

杌子式（万历本《鲁班经》）

屏风类

屏风式

大者高五尺六寸，带脚在内。阔六尺九寸，琴脚六寸六分大，长二尺，雕日月掩象鼻格，奖腿二尺四寸高，四寸八分大，四框一寸六分大，厚一寸四分。外起改竹圆，内起棋盘线，平面六分，窖面三分，绦环上下俱六寸四分，要分成单，下勒水花分作两孔，雕四寸四分，相屋阔窄，余大小长短依此，长仿此。

琴脚，或称“下脚”，指屏风着地的两根横脚。日月掩象鼻格，指桨腿上圆形和卷转的花纹雕饰。掩，疑为“卷（捲）”字之误。卷象鼻格，如大象的卷鼻般的纹样、形状。日月，应指底座两边一前一后夹卷象鼻格桨腿的圆轮。

奖腿，即桨腿，因其形似船桨而得名，为古代家具的一种构件。其两片成对，略呈直角三角形，用以从相对的方向抵夹立柱，多用于屏风、衣架等家具上。

勒水花，指雕刻形如水花的图案。勒，即雕刻。

屏风，为古时用于挡风的一种家具，最早大多放在床后或床侧，后逐渐由固定的发展为活动的，式样和功能也出现了各种变化。按本条目介绍，古代制作屏风，大的一般高为五尺六寸，包括柱脚在内。宽为六尺九寸，琴脚为六寸六分大，长为二尺：桨腿上面雕刻龙凤卷象鼻的图案，其高为二尺四寸，大为四寸八分；四个边框为一寸六分大，厚为一寸四分。外起竹圆线，内起棋盘线，平面六分，窄面三分，绦环上下都是六寸四分，要分成单数，下面雕刻水花的纹样，分别凿两孔，雕成四寸四分大。观察屋的阔窄灵活掌握。其余大小长、短尺寸都是这样，长度也仿照这种尺度。

本条目中屏风长短高低尺寸，大多尾数在一六八九吉数之上。后边的诸家具样式，亦多压白。

屏风式（万历本《鲁班经》）

围屏式

每做此行用八片，小者六片，高五尺四寸正，每片大一尺四寸三分零，四框八分大，六分厚，做成五分厚，算定共四寸厚。内较田字格，六分厚，四分大，做者切忌碎框。

围屏，指的是多扇的、可以折叠的屏风。较，本义是指车箱两旁板上的横木，这里仅指横木。田字格，指用纵横木棂构成的方孔格子，形如“田”字。碎框，指不完整的框。

按本条目介绍，制作此种围屏可用板材八片，小的应用六片，五尺四寸高，每片板材的宽为一尺四寸三分；屏风每片的边框，分别为八分大、六分厚，做成后实厚五分；八片折叠在一起时，共厚四寸。框内用横木做田字格，木材为六分厚，四分大。切忌把框做得支离破碎的。

箱类

衣笼样式

一尺六寸五分高，二尺二寸长，一尺三寸大，上盖役九分，一寸八分高，盖上板片三分厚，笼板片四分厚，内子口八分大，三分厚，下车脚一寸六分大。或雕三湾，车脚上要下二根横櫎仔，此笼尺寸无加。

衣笼，即衣箱，指专供存放衣服用的用具。传统衣箱一般为板式结构，上面是可以开合的盖，正面有铜饰件，钉鼻钮，可上锁，拉环在两侧。宋戴侗《六书故》：“今人不言箧笥而言箱笼。浅者为箱，深者为笼也。”

子口，箱子、盒、匣等盖与底相合时，边口一般采用“企口”形式，企口构成的周边就叫“子口”。

三湾，即三弯脚，明清家具术语，指车脚上弧线线脚。。明清家具脚料或圆或方，有些家具将脚柱在上段与下段过渡处向里挖出弯形，一般情况下，明清家具均采用三弯脚形制。

横櫎子，指安在车脚上，上托箱底，起纵向连结作用的两根带或托枨。

按本条目介绍，做衣箱的尺寸高为一尺六寸五分，长二尺二寸，大一尺三寸，上面的盖要弯曲九分，高为一寸八分，做盖子的板片应为三分厚，箱的板片厚为四分，内子口大为八分、厚三分。车脚的截面大为一寸六分，或雕琢成三弯脚，车脚上要装两根小的横屏板。其衣箱的尺寸不必增加。

衣箱式

长一尺九寸二分，大一尺六寸，高一尺三寸，板片只用四分厚，上层盖一寸九分高，子口出五分，或下车脚一寸三分大，五分厚，车脚只是

三湾。

衣箱，指用来盛装衣物的长方形木制器具。按本条目介绍，古代做衣箱的长应为一尺九寸二分，宽为一尺六寸，高为一尺三寸，其板片只需要四分厚。上层盖高为一寸九分，子口出来五分。做车脚宽为一寸三分、厚为五分，车脚一般只有三弯脚的样式。

衣箱式（万历本《鲁班经》）

大方扛箱样式

柱高二尺八寸，四层。下一层高八寸，二层高五寸，三层高三寸七分，四层高三寸三分，盖高二寸，空一寸五分，梁一寸五分；上净瓶头共五寸，方层板片四分半厚；内子口三分厚，八分大；两根将军柱，一寸五分大，一寸二分厚；奖腿四只，每只一尺九寸五分高，四寸大；每层二尺六寸五分长，一尺六寸阔。下车脚二寸二分大，一寸二分厚。合角斗进，雕虎爪双钩。

大方，也称“大枋”，大方扛箱即大枋的扛箱。扛箱，是一种可由两人抬着出行，供出行、郊游携带馔肴酒食，或馈送食物、礼品所用的箱子，一般箱体分层叠落加盖合成，并有立柱和横梁，可供穿杠肩抬。

按本条目介绍，这种大扛箱的柱子可做二尺八寸，箱体做成四层。下一层为八寸高，第二层为五寸高，第三层为三寸七分高，第四层为三寸三分高。盖子为二寸高，空为一寸五分，梁为一寸五分。柱头安装净瓶头，共五寸，方形的层板片厚为四分半；内子口厚为三分，八分大；立两根将军柱，其截面均为一寸五分大，厚一寸二分；桨腿四只，每只高为一尺九寸五分，四寸大，每层长为二尺六寸五分，宽一尺六寸。车脚截面为二寸二分大，厚一寸二分。扛箱托泥四角采用45度格角榫卯结构的做法，并雕刻虎爪形双钩的纹样。

大方扛箱样式（万历本《鲁班经》）

药　箱

二尺高，一尺七寸大，深九寸（寸字妄补），中分三层，内下抽箱只做二寸高，内中方圆交佐几孔如田字格样，好下药。此是杉木板片合进，切忌杂木。

本条目介绍的，是一种带多层抽屉的药箱，抽屉内还分隔成多个方格，以便分放各种药品。根据介绍，这种药箱为二尺高、一尺七寸大、九寸深，平均分为三层。里面的抽箱只做二寸高，其中空间间隔为几个空格如田字格样，好放药。此箱是用杉木板片拼合而成，切忌用杂木。

为什么强调用杉木呢？因为杉木性温无毒，故适宜用来制作药箱，而其他杂木恐与药物有违碍，所以切忌使用。

橱柜类

衣厨样式

高五尺零五分，深一尺六寸五分，阔四尺四寸，平分为两柱，每柱一寸六分大，一寸四分厚。下衣横一寸四分大，一寸三分厚。上岭一寸四分大，一寸二分厚。门框每根一寸四分大，一寸一分厚。其厨上梢一寸二分。

衣厨：即衣橱，指存放或收藏衣服的橱拒或壁橱。按本条目介绍，做衣橱可取为五尺零五分高，一尺六寸五分深，四尺四寸宽。两柱立于两端，每柱的截面为一寸六分大，厚度为一寸四分。做衣架的木料截面为大一寸四分，厚为一寸三分。安装一根一寸四分大的柃子，厚为一寸二分。门框截面每根大为一寸四分，厚为一寸一分。衣橱的上梢应为一寸二分。

柜　式

大柜上框者二尺五寸高，长六尺六寸四分，阔三尺三寸。下脚高七寸，或下转轮斗在脚上可以推动。四柱每柱三寸大，二寸厚，板片下叩框方密小者，板片合进二尺四寸高，二尺八寸阔，长五尺零二寸，板片一寸厚板，此及量斗及星迹，各项谨记。

柜，指存放衣物用品的家具，长方形，有盖或门。量斗，为古代的一种量具，本文指用尺测量。星迹，即做好标记之意。

按本条目介绍，较大的衣柜安装边框，高应为二尺五寸，长为六尺六寸四分，宽为三尺三寸。柜脚可做高七寸，也可在脚上安装转轮斗方便推动。做柜框的方材要有一定的宽度和厚度，以三寸宽，二寸厚为宜，这样在立材上打槽装嵌板片才能拍合得严密牢固。其板片合进高二尺四寸、宽二尺八寸、长五尺零二寸，厚板片一寸。这些都必须用尺测量并做好记录，谨记各项尺寸。

食格样式

柱二根，高二尺二寸三分，带净平（瓶）头在内，一寸一分大，八分厚，梁尺（八）分厚二寸九分大，长一尺六寸一分，阔九寸六分。下层五寸四分高，二层三寸五分高，三层三寸四分高，盖二寸高，板片三分半厚。里子口八分大，三分厚。车脚二寸大，八分厚。奖（桨）腿一尺五寸三分高，三寸二分大。余大小依此退墨做。

食格，是指让人提着装食物用的多层盒子，其形制与扛箱相仿，但要小得多。按本条目介绍，食格的柱应有两根，二尺二寸三分高（包括净瓶头在内），截面为一寸一分大、八分厚。提梁（八）分厚，二寸九分大，竖段长为一尺六寸一分，横段宽为九寸六分。下层抽盒为五寸四分高，第二层抽盒为三寸五分高，第三层抽盒为三寸四分高。食格盖高为二寸，板片厚为三分半。里子口为八分大，三分厚。车脚为二寸大，八分厚。桨腿为一尺五寸三分高，三寸二分大。其他大小构件照这样的尺寸增减墨线来制作。

食格样式（万历本《鲁班经》）

药 厨

高五尺，大一尺七寸，长六尺，中分两眼，每层五寸，分作七层，每层抽箱两个门，共四片。每边两片脚方圆一寸五分大，门框一寸六分大，一寸一分厚，抽箱板四分厚。

药厨，即药橱，指专供贮藏药物用的柜子，有双门或四扇门的，但柜体都是放药用的一排排抽屉。

本条目介绍的是一种四扇门的药橱。其可做五尺高，大为一尺七寸，长六尺，平均分割两排抽屉孔。每层为五寸，共分为七层，每层的抽屉两个门，共四片，每边为两片。脚的截面积为一寸五分大，门框为一寸六分大，一寸一分厚，抽屉板厚为四分。

架 类

镜架式及镜箱式

镜架及镜箱有大小者。大者一尺零五分深，阔九寸，高八寸零六分，上层下镜架二寸深，中层下抽箱一寸二分，下层抽箱三尺，盖一寸零五分，底四分厚，方圆雕车脚内中下镜架七寸大，九寸高。若雕花者，雕双凤朝阳，中雕古钱，两边睡草花，下佐连花托，此大小依此尺寸退墨无误。

镜架，指古时一种支承镜子用的架子，架似交椅状，可将镜作斜依，小巧精美，也称交椅式镜架。镜箱，指盛放梳妆用具的匣子，又称“镜匣”、“妆奁”，也指装着镜子的梳妆台。按本条目介绍，造镜架及镜箱应有大小之别。大镜箱深为一尺零五分，宽九寸，高八寸零六分，上层做镜架二寸深，中层做抽盒一寸二分，下层做抽盒三尺，盖子为一寸零五分，底部厚为四分。车脚面上雕花纹，中间做镜架七寸大，高九寸。所雕花纹一般为双凤朝阳图案，中心雕刻古钱形，两边雕刻睡草花，下面以莲花辅佐衬托，这些大小要根据镜架的尺寸画墨线。

面架式

前两柱一尺九寸高，外头二寸三分，后二脚四尺八寸九分，方员(圆)一寸一分大。或三脚者，内要交象眼，除笋(榫)画进一寸零四分，斜六分，无误。

面架，即洗脸用的面盆架。此架有高低两种类型，高面架中部一般饰有花牌，低的面架一般无装饰。本条目介绍了四足及三足两种面盆架。四足的面盆架，前面两柱可做一尺九寸高，外端头为二寸三分高，后面两只脚的高为四尺八寸九分，截面为一寸一分大。三足的面盆架，支承面盆的框架要相交成菱形，榫除外墨线应画进一寸零四分，斜六分。

镜架镜箱面架式（万历本《鲁班经》）

雕花面架式

后两脚五尺三寸高，前四脚二尺零八分高，每落墨三寸七分大，方能后转，雕刻花草。此用樟木或南（楠）木，中心四脚折进用阴阳笋（榫），共阔一尺五寸二分零。

此处介绍的应为明式家具中常见的六足雕花高面盆架。该架用樟木或楠木制成。后部的两根细柱高为五尺三寸，前面四脚高为二尺零八分，其截面的墨线一般为三寸七分大，这样才能向后转动。台架上雕刻花草。架中间的四脚折进台面中要用阴阳榫，应为一尺五寸二分零。

衣架雕花式

雕花者五尺高，三尺七寸阔，上搭头每边长四寸四分，中绦环三片，桨腿二尺三寸五分大，下脚一尺五寸三分高，柱框一寸四分大，一寸二分厚。

衣架，好用来搭衣的架子。明式衣架常在两个木座之上植立柱，用站牙前后挟扶，柱间连有横杆，最上端的横杆两端有出挑，还雕有云纹、龙首、凤首等花饰。

搭头，也称“搭脑”，是明清家具一种部件的名称，为椅子、衣架等家具最上端的横梁，用于挂衣服等。

按本条目介绍，这种雕花衣架可做五尺高、三尺七寸宽。搭头安装在上面，搭头每边长为四寸四分。中部做绦环三片。桨腿粗为二尺三寸五分。衣架的脚高为一尺五寸三分。柱框大为一寸四分，厚一寸二分。

素衣架式

高四尺零一寸，大三尺，下脚一尺二寸，长四寸四分，大柱子一寸二分大，厚一寸，上搭脑出头二寸七分，中下光框一根，下二根窗齿每成双，做一尺三分高，每眼齿仔八分厚，八分大。

这里介绍的是一种结构简单、不施雕饰的衣架。素，即有不加修饰的、质朴的、简单的意思。

按本条目介绍，这种素衣架可做四尺零一寸高，三尺大。衣架的脚，可做一尺二寸长、四寸四分宽。大柱子为一寸二分大，一寸厚，上面的搭脑必须出头二寸七分，中部做一根光素的横枨，开设两个并列的窗孔。窗孔一般应为成双数，做在一尺三分高的位置；每个孔的小格条只能为八分厚，八分大。

衣折式

大者三尺九寸长，一寸四分大，内柄五寸，厚六分。小者二尺六寸长，一寸四分大，柄三寸八分，厚五分。此做如剑样。

衣折，指的是一种落地衣架。按本条目介绍，大衣折立柱可做三尺九寸高，其截面为一寸四分，内柄长为五寸，厚六分。小衣折立柱为二尺六寸高，截面为一寸四分，柄长为三寸八分，厚五分，可做成剑的样子。

衣折式（万历本《鲁班经》）

鼓架式

二尺二寸七分高，四脚方圆一寸之分大，上雕净瓶头三寸五分高，上

层穿枋仔四八根，下层八根，上层雕花板，下层绦环，或做八方者。柱子横扩仔尺寸一样，但画眼上每边要斜三分半，笋是正的，此尺寸不可走分毫，谨记。

鼓架，指安放鼓的架子。按本条目介绍，当时的鼓架可做二尺二寸七分高，四脚的截面为一寸二分大，柱头雕净瓶头，高为三寸五分，上层的小穿枋要用四根或八根，下层也可用八根。上层做雕花板，下层做绦环，或做成八个方形的。柱子上的小横架的尺寸相同，在上面画眼，每边要斜出三分半，榫必须是正的。

鼓架式（万历本《鲁班经》）

铜鼓架式

高三尺七寸，上搭脑雕衣架头花，方圆一寸五分大，两边柱子俱一

般，起棋盘线，中间穿枋仔要三尺高，铜鼓挂起使手好打。下脚雕屏风脚样式，桨腿一尺八寸高，三寸三分大。

按本条目介绍，铜鼓架可做三尺七寸高，安装搭脑，雕衣架头花，面积为一寸五分大。两边柱子都相同，画棋盘线，中间的穿枋应为三尺高，这样挂起铜鼓时，可方便人的手敲打。下脚雕屏风脚的样式，桨腿高为一尺八寸，大为三寸三分。

花架式

大者六脚或四脚，或二脚。六脚大者，中下骑箱一尺七寸高，两边四尺高，中高六尺，下枋二根，每根三寸大，直枋二根，三寸大，五尺阔，七尺长，上盛花盆板一寸五分厚，八寸大，此亦看人家天井大小而做，只依此尺寸退墨有准。

花架，即用以摆放盆花的架子。按本条目介绍，大花架的种类很多，有六足或四足的，也有两足的。六足是大花架，中部做骑箱一尺七寸高，两边为四尺高，中高六尺，做两根枋，每根为三寸大。直枋两根，三寸大，五尺宽，七尺长。安放搁置花盆的木板，木板厚为一寸五分，大为八寸。这必须根据主人家天井的大小来做，仅依照这些尺寸为标准安排墨线的增减。

凉伞架式

二尺三寸高，二尺四寸长，中间下伞柱仔二尺三寸高，带琴脚在内算，中柱仔二寸二分大，一寸六分厚，上除三寸三分，做净平头。中心下伞梁一寸三分厚，二寸二分大，下托伞柄亦然而是。两边柱子方圆一寸四分大，窗齿八分大，六分厚，琴脚五寸大，一寸六分厚，一尺五寸长。

凉伞架，即搁置凉伞的架子。按本条目介绍，凉伞架一般可做二尺三寸高、二尺四寸长，中间的伞柱为二尺三寸高，包琴脚在内。中柱做二寸二分粗、一寸六分厚，上端留出三寸三分，做净平头。中心做伞梁一寸三分厚，二寸二分大，下部的托伞柄也如此做。两边柱子的截面为一寸四分大，窗齿为八分粗、六分厚，琴脚为五寸粗，厚一寸六分，长一尺五寸。

凉伞架式（万历本《鲁班经》）

烛台式

高四尺，柱子方圆一寸三分大，分上盘仔八寸大，三分倒挂花牙。每一只脚下交进三片，每片高五寸二分，雕转鼻带叶。交脚之时，可拿板片画成，方员八寸四分，定三方长短，照墨方准。

烛台，指用于托蜡烛的无饰或带饰的器具，为古时室内照明用具之一。按本条目介绍，烛台可做四尺高，柱子的截面为一寸三分大，上面安装一个小盘，大八寸，做三分长的倒挂花牙。每一只脚做三片交进，每片五寸二分高，雕刻转鼻及其叶。做交合脚时，应先在板片上画好墨线，直径为八寸四分，确定三方的长短，按照墨线裁割就是准确的。

其他器具

牙轿式

宦家明轿徛（椅）下一尺五寸高，屏一尺二寸高，深一尺四寸，阔一尺八寸，上圆手一寸三分大，斜七分才圆，轿杠方圆一寸五分大，下踃带轿二尺三寸五分深。

牙轿，指古代官署用轿。牙，即牙门，通称衙门。明轿，指的是敞开无篷的轿椅，与有遮围的暖轿相对而言。圆手，指弯曲形扶手。轿杠，指将轿子抬在肩上的木杠子。下踃，即下梢，指轿椅下的底盘和椅前的脚踏。

牙轿式（万历本《鲁班经》）

按本条目介绍，官宦人家的敞轿椅可做一尺五寸高，围屏高为一尺二寸，椅深为一尺四寸，椅宽为一尺八寸，安装圆形扶手，截面直径为一寸三分大，锯削木料要斜七分才能圆。轿杠截面直径为一寸五分大，轿的下梢进深尺寸为二尺三寸五分。

风箱样式

长三尺，高一尺一寸，阔八寸，板片八分厚，内开风板六寸四分大，九寸四分长，抽风櫎仔八分大，四分厚，扯手（即拉手）七寸四分长，方圆一寸大。出风眼要取方圆，一寸八分大，平中为主。两头吸风眼，每头一个，阔一寸八分，长二寸二分，四边板片都用上行做准。

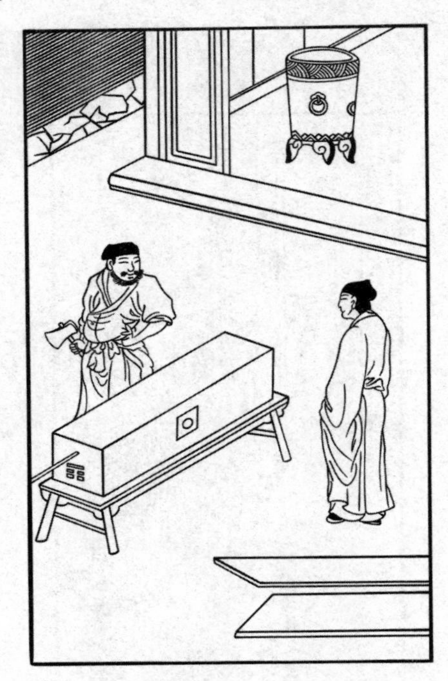

风箱样式（万历本《鲁班经》）

风箱是一种用来产生风力的设备，据记载发明于宋代，沿用至今。风箱由一个木箱、一个推拉的木制把手和活动木箱构成。风箱两端各设一个进风口，口上设有活瓣。箱侧设有一风道，风道侧端各设一个出风口，口上亦置有活瓣。通过伸出箱外的拉杆，驱动活塞往复运动，促使活瓣一起一闭，以达到鼓风的目的。在古代，风箱是金属冶铸的有效的鼓风设备。

按本条目介绍，风箱一般长为三尺，高为一尺一寸，宽为八寸。板片有八分厚。内部设置风板，有六寸四分大，九寸四分长。抽风木架为八分大，四分厚；拉手长为七寸四分，截面为一寸大。出风眼（风箱前后吸风与出风的圆孔）的圆孔要取一寸八分大，主要是居中。两头凿吸风眼，每头一个，其宽为一寸八分，长为二寸二分。四边的板片都应参考上面的尺寸标准去做。

招牌式

大者六尺五寸高，八寸三分阔；小者三尺二寸高，五寸五分大。

招牌，即挂在店铺门前作为标志的牌子。按本条目介绍，当时招牌的形制，大的可做六尺五寸高，八寸三分宽；小的可做三尺二寸高，五寸五分宽。

洗浴坐板式

二尺一寸长，三寸大，厚五分，四围起剑脊线。

按本条目介绍，洗浴用的坐板可做二尺一寸长，三寸宽，五分厚，四个周边可画剑脊线。

算盘式

一尺二寸长，四寸二分大，框六分厚，九分大，起碗底线，上二子一寸一分，下五子三寸一分，长短大小，看子而做。

算盘，即珠算盘，是我们祖先创造发明的一种简便的计算工具，起源于北宋时代。按本条目介绍，当时算盘一般为一尺二寸长，四寸二分宽，框为六分厚、九分大，起碗底线。因上部的直柱要安置两颗珠子，所以长为一寸一分，因下部直柱要安置五颗珠子，所以长为三寸一分。算盘的长短大小，要依珠子的大小来制作。

茶盘托盘样式

大者长一尺五寸五分，阔九寸五分。四框一寸九分高，起边线，三分半厚，底三分厚。或做斜托盘者，板片一盘子大，但斜二分八厘，底是铁钉钉住，大小依此格加减无误。有做八角盘者，每片三寸三分长，一寸六分大，三分厚，共八片，每片做斜二分半，中笋一个，阴阳交进。

托盘，指盛碗碟的盘子，多为长方形，木制。按本条目介绍，较大的茶盘托盘，长应为一尺五寸五分，宽为九寸五分四，框为一寸九分高，起边线应为三分半厚，底厚为三分。也可做成有斜面的托盘，板片与盘子一样大小，斜边为二分八厘，底边是用铁钉钉住的，大小照这种标准尺寸增减。还可做成八角盘，每片为三寸三分长，一寸六分大，厚为三分，共八片，每片做斜面为二分半，中间有一个榫，阴榫与阳榫交合铆进。

手水车式

此与踏水车式同，但只是小。这个上有七尺长或六尺长水箱，四寸高，带面上梁贴仔高九寸，车头用两片樟木板，二寸半大，斗在车箱上面，轮上关板剌依然八个，二寸长，车子二尺三寸长，余依踏车式尺寸扯短是。

水车，是古代用于灌溉的一种工具，利用带刮板的链带（条）或系汲筒的水轮，将水从低处提升到高处，通常由人力、畜力、水力带动旋转。本条目介绍的是一种用手带动的水车。

按本条目介绍，手水车的样式与踏水车样式（见后文）一样，只是略微小一些。此水车上部安装有七尺长或六尺长的水箱，高为四寸，连着箱面上的小梁贴，高为九寸。车头用两片樟木板做成，二寸半大，斗在车箱上面，轮上的汲水木槽仍旧为八个，长为二寸，车子的长为二尺三寸。其余依踏车样式尺寸来制作，但要比其略短一些。

踏水车式

四人车头梁八尺五寸长，中截方，两头圆。除中心车槽七寸阔，上下车板刺八片，分四人，己阔下千字横仔一尺三寸五分长，横仔之上斗棰仔圆的方的，二寸六分大，三寸二分长；两边车脚五尺五寸高，柱子二寸五分大，下盛盘子长一尺六寸整，一尺大，三寸厚方稳。车桶一丈二尺长，下水桶八寸高，五分厚。贴仔一尺四寸高，共四十八根，方圆七分大；上车面梁一寸六分大，九分厚，与水箱一般长；车底四寸大，八分厚，中一龙舌，与水箱一样长，三寸大，四分厚；下尾上椹水仔圆的方的三寸大，五寸长；刺水板亦然八片，关水板骨八寸长，大一寸零二分，一半四方，一半薄四分，做阴阳笋斗，在拴骨板片五寸七分大，共计四十八片，关水板依此样式尺寸不误。

踏水车，指用脚力踏动使其运转的水车。这里介绍的是四人踩踏的水车。根据介绍，这种水车的头梁可做八尺五寸长，中截为方形，两头为圆形。除中心之外，车槽宽为七寸，做车板刺用八片木板，分四人的位置，一人的位置的宽做千字小横木，长为一尺三寸五分。小横木上安装或圆或方的小斗捶，大为二寸六分，长为三寸二分。两边车脚高为五尺五寸，柱子截面大为二寸五分，踏脚板的长可做一尺六寸整、一尺大、三寸厚，这样才稳固。车桶的长为一丈二尺，水桶的板片可做八寸宽、五分厚。小贴板高为一尺四寸，共计四十八根，面积七分大；安装的车面梁为一寸六分大，厚为九分，与水箱的长一样。车底为四寸大、八分厚。龙舌安装在中间，与水箱的长相同，三寸大，四分厚。下尾安装或圆或方的小椹水板，大为三寸，长五寸；刺水板同样是八片，关水板骨的长为八寸，大为一寸零二分，一半为四方形，一半为厚四分的木板，可做阴阳榫斗。至于拴骨板片可做五寸七分大，共计四十八片。

推车式

凡做推车，先做推屑，要五尺七寸长，方圆一寸五分大，车軏方圆二

尺四寸大，车角一尺三寸长，一寸二分大；两边棋枪一尺二寸五分长，每一边三根，一寸厚，九分大；车軏中间横仔一十八根，外軏板片九分厚，里外共一十二片合进；车脚一尺二寸高，锁脚八分大，车上盛罗盘，罗盘六寸二分大，一寸厚，此行俱用硬树的方坚牢固。

推车，即手推车，指装运小载荷的有手柄的独轮或双轮小型车辆。按本条目介绍，做推车，首先做车辕长为五尺七寸，截面为一寸五分大，车軏为二尺四寸大，车角为一尺三寸长、一寸二分大，两边的棋枪长为一尺二寸五分，一边为三根，厚一寸大九分。车軏中间的小横木应做十八根，外軏板片厚为九分厚，里外合进共一十二片。车脚高为一尺二寸，锁脚大为八分。车上安置罗盘，罗盘为六寸二分大、一寸厚。这些构件的材料都要选用木质坚硬的树木才稳固。

牌匾式

看人家大小屋宇而做。大者八尺长，二尺大，框一寸六分大，一寸二分厚，内起棋盘，中下板片上行下。

牌匾，指金属或木制的题有文字的板，置于门楣上或墙上，用来标明地点或纪念某人或某事件。

按本条目介绍，做牌匾应根据主人家屋宇的大小来确定。较大的牌匾长为八尺，宽二尺，框截面为一寸六分大，一寸二分厚。里面画棋盘线。中间置放板片，从上到下安装。

圆炉式

方圆二尺一寸三分大，带脚及车脚共上盘子一应高六尺五分，正上面盘子一寸三分厚，加盛炉盆贴仔八分厚，做成二寸四分大，豹脚六只，每只二寸大，一寸三分厚，下贴梢一寸厚，中圆九寸五分正。

圆炉式，这里系指盛放炉盆的圆形支架。按本条目介绍，圆炉的面积为二尺一寸三分大，连脚及车脚包括安上盘子后般应为六尺五分高，面盘子安装在正面，厚为一寸三分，再加上安放炉盆的小垫木，做厚八分，大二寸四分的豹脚六只，每只二寸大、一寸三分厚，做贴梢一寸厚，其中间的脚应孔为九寸五分整。

看炉式

九寸高，方圆二尺四分大，盘仔下绦环二寸框，一寸厚，一寸六分大，分佐亦方。下豹脚脚二寸二分大，一寸六分厚，其豹脚要雕吞头。下贴梢一寸五分厚，一寸六分大，雕三湾勒水。其框合角笋眼要斜八分半方斗得起，中间孔方员一尺，无误。

看炉，疑为“龛炉”。按本条目介绍，其高为九寸，面积为二尺四分大，盘子下做绦环框为二寸大，厚为一寸，大为一寸六分，分别在一方。做豹脚二寸二分大，一寸六分厚，并雕刻吞头。做贴梢为一寸五分厚、一寸六分大，雕刻成三弯勒水。框的合角榫眼应斜八分半，这样才能穿斗得起。中间的孔直径为一尺，必须准确无误。

方炉式

高五寸五分，圆尺内圆九寸三分，四脚二寸五分大，雕双莲挽双钩。下贴梢一寸厚，二寸大。盘仔一寸二分厚，绦环一寸四分大，雕螳螂肚接豹脚相秤。

方炉，古代香炉的一种形制。按本条目介绍，方炉可做五寸五分高，用圆尺画出内圆，直径为九寸三分。四脚应为二寸五分大，雕刻线双莲挽双钩的纹样。做贴梢一寸厚，二寸大。小盘为一寸二分厚，绦环为一寸四分大，雕刻线螳螂肚并连接豹脚，使之相匹配。

香炉样式

细乐者长一尺四寸，阔八寸二分，四框三分厚，高一寸四分，底三分厚，与上样样阔大，框上斜三分，上加水边，三分厚，六分大，起（厂敢）竹线。下豹脚，下六只，方圆八分，大一寸二分。大贴梢三分厚，七

分大，雕三湾。车脚或粗的不用豹脚，水边寸尺一同。又大小做者尺寸，依此加减。

香炉，焚香的器具。按本条目介绍，秀长的香炉为一尺四寸长，八寸二分宽，四边的框厚为三分，一寸四分高，底为三分厚，同上部一样的宽大，框上应斜三分，上面加水边，三分厚、六分大，画（厂敢）竹线。做豹脚六只，截面的直径为八分，大为一寸二分。大贴梢应做三分厚、七分大，雕刻成三弯勒水纹。如车脚较粗就不必做豹脚了，其水边的尺寸是一样的。此外做不同尺寸大小的香炉，可照此增减。

学士灯挂

前柱一尺五寸五分高，后柱子二尺七寸高，方圆一寸大。盘子一尺三寸阔，一尺一寸深。框一寸一分厚，二寸二分大，切忌有节树木，无用。

学士灯挂，指古代文人学士的一种吊灯样式。按本条目介绍，此灯挂的前柱高为一尺五寸五分，后柱子高为二尺七寸，其截面的直径为一寸。盘子宽为一尺三寸，深为一尺一寸。框厚为一寸一分，大二寸二分。不可使用有疤节的木材。

火斗式

方圆五寸五分，高四寸七分，板片三分半厚。上柄柱子共高八寸五分，方圆六分大，下或刻车脚上掩。火窗齿仔四分大，五分厚，横二根，直六根或五根。此行灯擎高一尺二寸，下盛板三寸长，一封书做一寸五分厚，上留头一寸三分，照得远近无误。

火斗，指内有蜡烛的罩笼。按本条目介绍，火斗的面积为五寸五分，四寸七分高，板片为三分半厚。上柄柱子共为八寸五分高，其截面大为六分。柱子下部可刻成车脚朝上掩卷的形式。火窗小齿为四分大、五分厚，二根横木，六根或五根直木。此火斗需做灯擎，高为一尺二寸，下面安装三寸长的板片。做成方正平直的式样，厚为一寸五分，安装留头为一寸三分，不管远近都照得十分明亮。

象棋盘式

大者一尺四寸长，共大一尺二寸，内中间河路一寸二分大。框七分方圆，内起线三分，方圆横共十路，直共九路，河路笋要内做重贴，方能坚固。

这里介绍的是一种较大的象棋盘。其长为一尺四寸，共计为一尺二寸大，棋盘中的间隔河路宽为一寸二分。框的宽为七分，内起线为三分，其表面共有十路横线、九路直线。河路的榫要做重贴的，这样才可稳固。

围棋盘式

方圆一尺四寸六分，框六分厚，七分大，内引六十四路长通路，七十二小断路，板片只用三分厚。

这里介绍的围棋盘，面积为一尺四寸六分，框厚为六分、七分大。棋盘里面画六十四条长通路线，小断路七十二条。板厚片需只用三分即可。

六、营建中的择吉原则

前面说过，明清时期的建筑营造活动，不仅有房主、匠师的参与，更有风水师（术者）在其中起着主导作用。从选址、定向到每个工序的开始时日，甚至一些尺度的决定，都在受阴阳、风水学说的束缚和制约。出于职业的竞争要求，匠师深感自已也须具有相地、选择及禳镇等方面的能力和发言权，以免风水师之类人物在营建中分一杯羹；另一方面，有些边远小城镇及农村的业主财力有限，不愿支付过多的堪舆费用，也难以随时找到合适的风水师，客观上也要求工师们学习掌握一些相宅、选择等的知识和资料。

因此，作为当时应运而生的木工匠师的职业用书，《鲁班经》不仅仅是一部匠作技术指导书，更是一部深奥的术数类书籍。其内容除了讲营造工具和尺法、建筑构架及家具的主要尺度，有营建业务过程中必需具备的知识和资料外，重点还在于如何选择各工序开始的黄道吉日、如何考虑选址与周围环境的吉凶关系、魇镇禳解的方法及所用咒符物品、祭祀鲁班仙师及诸神的仪式及上梁祝文等。这些阴阳五行、风水堪舆、八卦符咒之类的内容，今人大多已难以窥其堂奥，却被当时的匠师奉为圭臬，郑重其事，严格遵循。所以要理解当时的建筑与家具文化，这些内容也不可完全忽略。

这里先讲一下营造活动中的选择问题。

久远的择吉文化

选择，又称择日、择吉，即选择吉日，民间又叫“看日子”“看日脚”“挑日子”等，其实质在于趋吉避凶。在《鲁班经》卷一中，伐木、破土动工、画柱绳墨吉日、定磉扇架、竖柱、上梁、拆屋、盖屋、泥屋、开渠、砌地、结砌天井等等，在每一道施工工序的开始都要选择吉日，然后才能动工，这是当时营造活动中的惯例。

在我国，择吉术数文化由来久远。《礼记》："择日而祭于祢，成妇之义也"，这是"择日"之名见于典籍的开端。《周礼·天官·太宰》："后期十日，帅执事而卜日。"卜日，即通过占卜选择吉日。《仪礼·特牲馈食礼》："特牲，馈食之礼，不诹日。"诹日，即择取吉日。《史记·封禅书》："辑五瑞，择吉。"东汉王充的《论衡·讥曰篇》也提到择日："工伎之书，起宅盖屋必择日。"宋洪迈《容斋随笔》卷四说："唐吕才作《广济阴阳百忌历》。世多用之。近又有《三历会同集》，搜罗详尽。姑以择日一事论之，一年三百六十日，若泥而不通，殆无一日可用也。"至宋代，择日已相当成熟，并且有专著问世。宋代的《仨历撮要》很明白地记录着何日为送礼吉日，何目为求婚吉日，何日不宜送礼，何日不宜求婚，等等。这些文献记载和事例说明，择吉文化在我国具有普遍的影响力。

清光绪年间徐珂编著的《清稗类钞》记录了一个神奇的择日故事：

> 诸暨店口镇有陈氏之屋，遇火不毁。相传国初有陈紫衣者，将建此屋，自至郡城，乞夏姓者卜日。夏曰："请少待，为君择之。"陈即出资为谢。夏曰："既如此，请三日后来。"陈知其以酬谢之多寡为选择之精粗，乃以白金百两揖而进之，曰："老朽一生辛苦，始有此举，幸先生留意焉。"夏曰："既如此，请一月后来。"及期而往，则曰："日已选矣，幸勿稍有更动。"陈谨如所教。屋成而镇上大火，前后左右尽为焦土，惟新屋岿然独存。自是以后，历三十余次火灾矣。至光绪时，陈氏犹世守之。而夏之子孙，亦尚以择日为业。

这个故事告诉我们：浙江省诸暨县店口镇，有一幢遇火不毁的屋宇，据传始建于清朝初年。屋宇的主人，一个名叫陈紫衣的绅士，曾请了一个有名的择日家夏某为兴修屋宇择定时日。一开始，夏某并不太重视，只说："请稍候，这就为你选择。"陈紫衣于是出示酬金相谢。夏某原认为陈紫衣不过说说而已，一见有酬金相谢，也就客气地对陈紫衣说："既然这样，那就请您三天后来吧！”陈紫衣这才明白，夏某的择日是以酬金多少作为择日精粗的根据。于是，他又拿出白金一百两，作揖献上说：“老朽一生辛苦，积存不多，还望先生多多留意！”夏某见有酬金厚重，又说说：“既然这样，那就请您过一个月后再跑一次！”一个月后，陈紫衣如期而至。夏某态度庄重地说：“日期曾经选定了，千万不可更动。”陈紫衣敬受其命，依照夏某所择定的日子兴修了屋宇。屋建成不久，店口镇就发作一次大火灾，前后左右尽为焦土，唯有陈家的新宅却岿然独存。后来，店口镇又前前后后发作三十屡次火灾，陈宅却仍然无恙。

时至今日，民间在祭祀、求嗣、入学、求医、结婚、嫁娶、远行、搬移、开市、破土、动工、修宅、安葬等等之前，许多人都会进行精心挑选一个“黄道吉日”，足以说明择吉文化影响之深入人心。

古人推算日辰，是以干支纪时为基础的。所以这里先介绍一下干支纪时的相关知识，以便理解其后的内容。

干支，即天干、地支的简称，是中国古代人们用以记录年、月、日、时的一种专门符号，主要用于古代历法中。干支，又作“干枝”，古人将其比作树干与树枝的关系，干强枝弱，以干为主。其中，天干有十位，依次为：：甲、乙、丙、丁、戊、己、庚、辛、壬、癸。地支有十二位，即：子、丑、寅、卯、辰、巳、午、未、申、酉、戌、亥。

在古代术数的运用中，准确而又熟练地掌握干支纪年月日时的方法，可以说是一种基本功。

从商代起，人们就将十干与十二支从头到尾依次搭配起来，以它们最小的公倍值六十为周期来计算时间，就形成了“六十甲子”，这是因为其组合起于甲子。具体说来，是用天干的首字“甲”与地支的首字“子”配合列为第一，其次用天干第二字“乙”与地支的第二字“丑”配合得乙丑……这样配合下去，第六十位正好是天干的末字“癸”与地支的末字“亥”配成癸亥。再往下配便又逢甲子了。如此循环往复，以至无穷。这就是古代的干支纪法。

六十甲子干支次序表

	1	2	3	4	5	6
1	甲子	甲戌	甲申	甲午	甲辰	甲寅
2	乙丑	乙亥	乙酉	乙未	乙巳	乙卯
3	丙寅	丙子	丙戌	丙申	丙午	丙辰
4	丁卯	丁丑	丁亥	丁酉	丁未	丁巳
5	戊辰	戊寅	戊子	戊戌	戊申	戊午
6	己巳	己卯	己丑	己亥	己酉	己未
7	庚午	庚辰	庚寅	庚子	庚戌	庚申
8	辛未	辛巳	辛卯	辛丑	辛亥	辛酉
9	壬申	壬午	壬辰	壬寅	壬子	壬戌
10	癸酉	癸未	癸巳	癸卯	癸丑	癸亥

由三个六十甲子推得一百八十年，叫三元。第一个甲子年为上元，第二个为中元，第三个为下元，这就是风水学的三元运气说。

当然，天干与地支搭配是有一定法则的，要由阳干与阳支、阴干与阴支结合，而不能是阳干配阴支、阴干配阳支。十干中，甲、丙、戊、庚、壬为阳，乙、丁、己、辛、癸为阴；十二支中，子、寅、辰、午、申、戌为阳，丑、卯、巳、未、酉、亥为阴。

（1）推算年的干支

推算年干支的方法，最简单的是直接查万年历，也可以通过六十甲子表反推，需要查阅历书，找出当年的干支。这里必须注意的是，要以每年的立春而不是正月初一作为划分一年的真正界限，如果正月有立春节气，立春仍用前一年的干支；如果立春在十二月，那么立春后当用下一年的干支。

(2) 推算月的干支

推算月份，由于十二地支与十二月正好相应，如果已经知道了当年的天干，可通过下表来查阅。

从年干推月支表

当年天干	甲巳	乙庚	丙辛	丁壬	戊癸
正月	丙寅	戊寅	庚寅	壬寅	甲寅
二月	丁卯	己卯	辛卯	癸卯	乙卯
三月	戊辰	庚辰	壬辰	甲辰	丙辰
四月	己巳	辛巳	癸巳	乙巳	丁巳
五月	庚午	壬午	甲午	丙午	戊午
六月	辛未	癸未	乙未	丁未	己未
七月	壬申	甲申	丙申	戊申	庚申
八月	癸酉	乙酉	丁酉	己酉	辛酉
九月	甲戌	丙戌	戊戌	庚戌	壬戌
十月	乙亥	丁亥	己亥	辛亥	癸亥
十一月	丙子	戊子	庚子	壬子	甲子
十二月	丁丑	己丑	辛丑	癸丑	乙丑

这里也必须注意查看节气来确定月份界限，而不能以每月的初一为界。一年二十四个节气，从立春开始，凡排单数的称“节”，凡排双数的称“气”。推月要以“节”为界限。每月初一若在本月节前，用上月干支；若在本月的下一个节后，就得用下个月的干支。

(3) 推算日和时辰的干支

推日可用历书直接找出当时干支，也可依六十甲子表推算。已知日的干支，可通过下表查时辰的干支。

从日干推时干支

当日地支 \ 当时天干 / 当时干支	甲己	乙庚	丙辛	丁壬	戊癸
子时（23—1）	甲子	丙子	戊子	庚子	壬子
丑时（1—3）	乙丑	丁丑	己丑	辛丑	癸丑
寅时（3—5）	丙寅	戊寅	庚寅	壬寅	甲寅
卯时（5—7）	丁卯	己卯	辛卯	癸卯	乙卯
辰时（7—9）	戊辰	庚辰	壬辰	甲辰	丙辰
已时（9—11）	己巳	辛巳	癸巳	乙巳	丁巳
午时（11—13）	庚午	壬午	甲午	丙午	戊午
未时（13—15）	辛未	癸未	乙未	丁未	己未
申时（15—17）	壬申	甲申	丙申	戊申	庚申
酉时（17—19）	癸酉	乙酉	丁酉	己酉	辛酉
戌时（19—21）	甲戌	丙戌	戊戌	庚戌	壬戌
亥时（21—23）	乙亥	丁亥	己亥	辛亥	癸亥

营建各工序中的择吉

《鲁班经》关于建筑营建程序择吉的内容，主要集中在卷一的条目中，几乎每个营建步骤都列举了方位、时辰的吉凶，神煞吉星的趋避，可见当时择吉在营建中的实际应用已十分普遍，是营建不可或缺的一个组成部分。以下按营建工序来介绍。

人家起造伐木

入山伐木法：凡伐木日辰及起工日，切不可犯穿山杀。匠入山伐木起工，且用看好木头根数，具立平坦处斫伐，不可了草，此用人力以所为

也。如或木植到场，不可堆放黄杀方，又不可犯皇帝八座，九天大座，余日皆吉。

条目中，不论是穿山杀还是黄杀、皇天八座、九天大座，都是进山伐木时应禁避的神煞，避开其代表的时间（或方位）。

所谓穿山杀，即子年在午，丑年在未，寅年在申，卯年在酉，辰年在戌，巳年在亥，午年在子，未年在丑，申年在寅，酉年在卯，戌年在辰，亥年在巳。以上这些，即当年太岁对冲之方。按古代术家说法，以太岁对冲之方为岁破，是最凶之神，所以伐木起工不可犯其方。

进山采伐木材，还要看木头根数。前面说过，古人以一三五七九等阳数为吉，二四六八等阴数为凶，入山伐木也应该择取阳数。

黄杀，应为“黄沙”之误，其推算方法，按《许真君万全玉匣记》记载：“正四七十月逢午日，二五八十一月逢寅日，三六九十二月逢子日，但凡出外犯黄沙，人亡财散不归家。”为什么木料堆放不能犯黄杀方呢?因为寅午合而化火，将木料堆放其方，恐有火焚之患。

皇帝八座，又名正八座。按推算，为：子年逢癸酉，丑年逢甲戌，寅年逢丁亥，卯年逢甲子，辰年逢乙丑，巳年逢甲寅，午年逢丁卯，未年逢甲辰，申年逢乙巳，酉年逢甲午，戌年逢丁未，亥年逢甲申。有诗云：“太岁起建去寻收，十二宫中顺行游，日犯兵葬祸患至，方犯地师结冤仇。”入山伐木，不可犯其日，也不可犯其方。

九天大座，疑为“九天朱雀”之误，因朱雀为南方火精之杀，木料堆放其方，恐有火焚之灾。其杀子年在卯，丑年在戌，寅年在巳，卯年在子，辰年在未，巳年在寅，午年在酉，未年在辰，申年在亥，酉年在午，戌年在丑，亥年在申。

又据清代的《鳌头通书》所载：“木料到场，不可堆放黄杀方，不可犯黄帝八座，九天大杀、三杀、灸退、官符、都天太岁及戊己杀方，凶。”与本条目中的说法类似。

伐木吉日

己巳、庚午、辛未、壬申、甲戌、乙亥、戊寅、己卯、壬午、甲申、

乙酉、戊子、甲午、乙未、丙申、壬寅、丙午、丁未、戊申、己酉、甲寅、乙卯、己未、庚申、辛酉，定、成、开日吉。又宜明星、黄道、天德、月德。

忌刀砧杀、斧头杀、龙虎、受死、天贼、日月砧、危日、山膈、九土鬼、正四废、魁罡日、赤口、山痕、红觜朱雀。

本条目第一段列出的是采伐木材的适宜时期；第二段则列出应避免的禁日、凶日。

文中提到的己巳、庚午、辛未、壬申、甲戌、乙亥、戊寅、己卯、壬午、甲申、乙酉、戊子、甲午、乙未、丙申、壬寅、丙午、丁未、戊申、己酉、甲寅、乙卯、己未、庚申、辛酉，均以干支纪日。可按前文的干支纪法推算其日。

按成书于清乾隆年间的《协纪辨方书》[①] 记载："伐木宜立冬后，立春前危日、午日、申日。"因申为金（代表利斧），午为火，都利于伐木。所以本条目中所载之吉日，也多金日、火日及木日。水能生木，木长于土，所以伐木不选木土二日。即使选入，其纳音五行则非金即火。如乙亥、戊子日纳音火，乙未纳音金，甲戌纳音火等。

定日、成日、开日，都是古代建除家选择之法。建除，为古代术数流派之一，也是指一种术数方法，其根据天象占测人事吉凶祸福，以天文中的十二辰，分别象征人事上的建、除、满、平、定、执、破、危、成、收、开、闭十二种情况。其法以每月交节后月建之日临值起建，而后依序顺排，周而复始。如正月建寅，则从立春后寅日起建，卯为除，辰为满，巳为平，午为定，未为执，申为破，酉为危，戌为成，亥为收，子为开，丑为闭。二月建卯，则从惊蛰节后卯日起建，辰为除，巳为满，午为平，未为定，申为执，酉为破，戌为危，亥为成，子为收，丑为开，寅为闭，余月类推。在本条目中，因定为死气，成为万物成就之意，开为生气之始。木砍伐为死气，成材为成就，重新造作为生气，所以这三日适宜伐木。

---

① 又称《钦定协纪辨方书》，共三十六卷，为中国古代择吉集大成之作。于清乾隆四年（公元 1739 年），由允禄、梅瑴成、何国栋等三四十人奉敕编撰，乾隆亲制序文。

明星，指由明星守护的吉时，古人以“寒谷时喧定暖晦窗晓色须明”十二字来命名与十二时辰对应的星神，分别为明暗两类，明为吉，暗为凶。其法正、七月起寅，二、八月起辰，三、九月起午，四、十月起申，五、十一月起戌，六、十二月起子，顺行。明星守护时，能制暗天贼、天地贼、天狗下食时、六戊时。

黄道，即黄道吉日。古人认为太阳绕地球运行，黄道则是太阳绕地球的轨道，加上人们对天、对太阳的崇拜，所以把黄道定为吉神，诸事逢之皆吉。黄道共有六种，即青龙黄道、明堂黄道、玉堂黄道、金匮黄道、司命黄道、天德黄道。还有日黄道和时黄道的区分。这里伐木取吉日，当是指日黄道。

天德，也叫天德贵人，为四柱神煞之一。其推算有歌诀云：“正丁二坤三逢壬，四辛五甲六乾同，七癸八艮九月丙，十乙子巽丑庚中。”天德是取三合之气，如正、五、九月建寅午戌合火局，故以火为德，正月丁，九月丙，五月乾戌，火墓在乾宫。其余以此推。因为天德为月令三合旺气，所以其日为吉曰。

月德，其推算，有歌云：“寅午戌月居丙方，亥卯未月甲日藏，申子辰月壬是德，巳酉丑月庚上逢。”月令为太阴，阴则无德，所以以阳之德为德。正、五、九月建寅午戌火局，以丙阳火为德；二、六、十月建卯亥未合木局，以甲阳木为德；三、七、十一月建辰申子合水局，以壬阳水为德；四、八、十二月建巳酉丑金局，以庚阳金为德。可见月德也是月令三合旺气，所以当日为吉。

刀砧杀，凶煞之一，春季在亥子日，夏季在寅卯日，秋季在巳午日，冬季在申酉日。不过，《选择宗镜》认为：“刀砧火血，术士捏造恶名以吓人耳。”

斧头杀，凶煞之一，春季在辰，夏季在未，秋季在酉，冬季在子。

龙虎，正月在巳，二月在亥，三月在午，四月在子，五月在未，六月在丑，七月在申，八月在寅，九月在酉，十月在卯，十一月在戌，十二月在辰。

受死，正月在戌，二月在辰，三月在亥，四月在巳，五月在子，六月在午，七月在丑，八月在未，九月在寅，十月在申，十一月在卯，十二月在酉。

天贼，有两种不同说法。《象吉通书》记载：正月在辰，二月酉，三月寅，四月未，五月子，六月巳，七月戌，八月卯，九月申，十月丑，十一月午，十二月亥。《协纪辨方书》载：正月丑，二月子，三月亥，四月戌，五月酉，六月申，七月未，八月午，九月巳，十月辰，十一月卯，十二月寅。《御定星历考源》引李鼎祚之语："天贼者，正月在丑，逆行十二辰。"又引曹振圭："天贼者，盗神也，常居天仓后辰，盖仓库之后必有盗气。"

危日，即正月起酉，二月在戌，三月在亥，四月在子，五月在丑，六月在寅，七月在卯，八月在辰，九月在巳，十月在午，十一月在未，十二月在申。

山隔，即正月起酉，二月在戌，三月在亥，四月在子，五月在丑，六月在寅，七月在卯，八月在辰，九月在巳，十月在午，十一月在未，十二月在申，顺行十二支。又一说：正月在未，二月在巳，三月在卯，四月在丑，五月在亥，六月在酉，七月在未，周而复始。

九土鬼，即乙酉、癸巳、甲午、辛丑、壬寅、己酉、丙戌（一说庚戌）、丁巳、戊午九日。

正四废，即春庚申、辛酉，夏壬子、癸亥，秋甲寅、乙卯，冬丙午、丁巳。由于金绝于春，水绝于夏，木绝于秋，火绝于冬，五行均临绝处，所以是凶日。

魁罡日，即辰为天罡，戌为河魁，遇到这二日即魁罡日。但前文伐木吉日中又有甲戌，也是魁罡，自相矛盾。

赤口日，属于小六壬占法，此法以大安、留连、速喜、赤口、小吉、空亡六位分列食指、中指及无名指上，占时按月、日、时顺序求之，得大安、速喜、小吉者为吉，其余为凶。阳年正月初一起小吉，初二空亡，初三大安，初四留连，初五速喜，初六赤口，周而复始。阴年正月初一起留连，初二速喜，初三赤口，初四小吉，初五空亡，初六大安，周而复始。按其推算法，阳年的赤口日为：正月和七月初六、十二、十八、二十四、三十；二月和八月初五、十一、十七、二十三、二十九；三月和九月初四、初十、十六、二十二、二十八；四月和十月初三、初九、十五、二十

一、二十七；五月和十一月初二、初八、十四、二十、二十六；六月和十二月初一、初七、十三、十九、二十五等日。阴年的赤口日为：正月初三、初九、十五、二十一、二十七；二月和八月初二、初八、十四、二十、二十六；三月和九初一、初七、十三、十九、二十五；四月和十月初六、十二、十八、二十四、三十；五月和十一初五、十一、十七、二十三、二十九、六月和十二月初四、初十、十六、二十二、二十八等日。

山痕，指大月初二、初八、十二、十七、二十，小月初五、十四、十六、二十一、二十七。

红觜朱雀，即红嘴朱雀，为乙丑、甲戌、癸未、壬辰、辛丑、庚戌、己未这七日。

起工架马

凡匠人兴工，须用按祖留下格式，将木马先放在吉方，然后将后步柱安放马上，起手俱用翻锄向内动作。今有晚学木匠则先将栋柱用正，则不按鲁班之法后步柱先起手者，则先后方且有前先就低而后高，自下而至上，此为依祖式也。凡造宅用深浅阔狭，高低相等，尺寸合格，方可为之也。

起工架马，即营建房屋时以木、竹等搭设脚手架。按本条目介绍，匠人应按祖师爷鲁班传下来的标准程序，将木马先安放在吉方，将后步柱安放在木马上，然后再用锄头朝土内挖掘。

起工架马是营建的开端，至关重要，所以也要择日。《协纪辨方书》对此逐月作了详细记载：

正月：辛未、乙未、壬午、丙午，外癸酉、丁酉、丁丑、癸丑。

二月：戊寅、庚寅、己巳、外丙寅、甲寅、丁丑、癸丑。

三月：己巳、甲申。

四月：外丁丑、丙戌、丙午、庚午、丙子、庚子。

五月：乙亥、己亥，外辛亥。

六月：乙亥、甲申、庚申，外癸酉、丁酉、辛亥。

七月：戊子、壬子，外丙子、庚子、戊辰、丙辰。

八月：乙亥、己亥、庚寅、戊寅、甲申、戊申、庚申，外戊辰、壬辰、丙辰、辛亥、丙寅。

九月：癸卯，外辛卯。

十月：壬午、辛未、乙未，外庚午、丁未。

十一月：庚寅、戊寅，外乙丑、丁丑、癸丑、甲寅。

十二月：戊寅、己卯、乙卯、己巳，外丙寅、甲寅。

架马吉方，适宜天德、月德、月空、三奇、帝星并诸吉方。

架马凶方，忌年家、三煞，独火、官符月飞宫，州、县官符、月流财、小儿煞。（诸神杀注解均见后）

起工破木

宜己巳、辛未、甲戌、乙亥、戊寅、己卯、壬午、甲申、乙酉、戊子、庚寅、乙未、己亥、壬寅、癸卯、丙午、戊申、己酉、壬子、乙卯、己未、庚申、辛酉，黄道、天成、月空、天月二德及合神、开日吉。

忌刃砧杀、木马杀、斧头杀、天贼、受死、月破、破败、烛火、鲁般杀、建日、九土鬼、正四废、四离、四绝、大小空亡、荒芜、凶败、灭没日，凶。

起工破木，即开始动工裁割木材。又有学者认为，“木”应为“土”之误，即应为起工破土，也就是常说的破土动工。

本条目介绍了起工破木的吉日和凶日。这里简要说明一下：

天成，正月在未，二月在酉，三月在亥，四月在丑，五月在卯，六月在巳，七月在未，八月在酉，九月在亥，十月在丑，十一月在卯，十二月在巳。

月空，有诗云：“寅午戌逢壬地，亥卯未月合庚金，申子辰月求丙火，巳酉丑月甲干寻。”即正月、五月、九月在壬，二月、六月、十月在庚，三月、七月、十一月在丙，四月、八月、十二月在丑。因此神为月内太阴之辰，所以为吉庆之位，适宜于献章、修造、动土。

合神，共有三种：一是地支六合，子丑合，寅亥合，卯戌合，辰酉合，巳申合，午未合。二是地支三合局，申子辰合水局，寅午戌合火局，亥卯未合木局，巳酉丑合金局。三是天干五合，甲己合，乙庚合，丙辛合，丁壬合，戊癸合。

木马杀，有歌诀云："正蛇二羊三凤舞，四猿五犬六鼠露，七猪八牛九兔头，十虎十一龙马午。"即正月在巳，二月在未，三月在酉，四月在申，五月在戌，六月在子，七月在亥，八月在丑，九月在卯，十月在寅，十一月在辰，十二月在午。又有一种说法，认为是孟月的平日，仲月的定日，季月的执日。

月破，即正月在申，二月在酉，三月在戌，四月在亥，五月在子，六月在丑，七月在寅，八月在卯，九月在辰，十月在巳，十一月在午，十二月在未，即月令对冲之方。

破败，正、七月在申，二、八月在戌，三、九月在子，四、十月在寅，五、十一月在辰，六、十二月在午。其正月在申，为月令对冲，该当禁避。但二月在戌，十月在寅，六月在午，均于月令相合，似乎不该称"破败"。

独火，为正月起巳，二月辰，三月卯，四月寅，五月丑，六月子，七月亥，八月戌，九月酉，十月申，十一月未，十二月午。

鲁班杀，即春之子日，夏之卯日，秋之午日，冬之酉日。

建日，就是当月月建临值之日，如正月建寅，寅即建日；二月建卯，卯即建日。

四离，指春分、夏至、秋分、冬至四节前一日。具体地说，春分前一日木离，夏至前一日火离，秋分前一日金离，冬至前一日水离。因该日为阴阳分体离别之日，所以为凶。

四绝，指立春、立夏、立秋、立冬四节前一日。古人认为，立春木旺水绝，立夏火旺木绝，立秋金旺土绝，立冬水旺金绝，因此先一日为绝日。

大小空亡，据《永吉通书》注，"乾上起正月，二月在坎，三月在艮，依此顺行。月上起初一，亦顺行，逢离为大空亡，逢坎为小空亡。"如，正月在乾，乾上为初一，初二在坎，即小空亡。初三在艮，初四在震，初五在巽，初六在离，即大空亡。其余均依此法类推。

荒芜，即正月在巳，二月在酉，三月在丑，四月在申，五月在子，六月在辰，七月在亥，八月在卯，九月在未，十月在寅，十一月在午，十二月在戌。春季木旺金绝，夏季火旺水绝，秋季金旺木绝，冬季水旺火绝。此神煞在三合绝处，故凶。

灭没，将弦、晦、朔、望、虚、盈日与二十八星宿相配，指每月弦日逢虚，晦日逢娄，朔日逢角，望日逢亢，虚日逢鬼，盈日逢牛。

论新立宅架马法

新立宅舍，作主人眷既已出火避宅，如起工即就坐上架马，至如竖造吉日亦可通用。

建筑房屋时，回避命星叫避宅。请神佛、祖先灵位暂居别处而移动香火，叫出火。

按本条目介绍，建造新的宅舍时，要待主人家将家中的神佛、祖先灵位暂移别处，并让家眷中有与当日命星相冲犯的人回避之后，方可施工。

根据古代通书记载，适宜出火的吉日有：

正月：乙亥、乙卯。

二月：辛未、乙亥、甲申、乙未、癸丑，外乙丑、丁未、癸未、己未。

三月：乙卯，外癸酉、丁酉。

四月：甲子、丙子、乙卯，外庚午、庚子、癸卯、丙午。

五月：甲戌、乙亥、辛未、乙未、癸丑，外乙丑、壬辰、己未。

六月：乙亥、戊，、甲申、庚申，外丙寅、甲寅。

七月：甲子、辛未、丙子、壬子，外庚子、丁未、丙辰。

八月：甲戌、癸丑，外乙丑、壬辰、丙辰。

九月：外庚午、壬午、丙午。

十月：甲子、辛未、丙子、乙未、壬子，外庚午、庚子、丁未。

十一月：辛未、乙亥、甲申、庚申，外癸未、壬辰、丙辰。

十二月：戊寅、甲申、庚申，外丙寅、甲寅。

论净尽拆除旧宅倒堂竖造架马法

凡尽拆除旧宅，倒堂竖造，作主人眷既已出火避宅，如起工架马，与新立宅舍架马法同。

论坐宫修方架马法：凡作主不出火避宅，但就所修之方择吉方上起工架马吉，或别择吉架马亦利。

按本条目介绍，拆除旧房屋，在原有地基上修造新屋，其出火避宅之法与上边介绍的新立宅架马法相同。

所谓坐宫修方，《选择求真》有记载："坐宫修方者，谓在于住屋内左右两旁，或在屋墙外左右两旁修造，将罗经格定在于某字位上，查其年月，无甚紧杀占犯，利于修造，然后择日兴工。即于屋内安奉符使，向于所修之方坐镇之则吉。盖不倒堂，不动中宫香火，不必轻易避宅出火，此谓坐宫修方法也。"

也就是说，凡有主人家不移香火和回避命星的，可以坐宫修方之法，即用罗盘在屋内左右两旁或屋墙外左右两旁测定吉方，以此来搭建木马架，或另选吉利方位来搭建木马架也是可行的。

论移宫修方架马法

凡移宫修方，作主人眷不出火避宅，则就所修之方择取吉方上起工架马。如出火避宅，起工架马却不问方道。

按本条目介绍，用移宫修方之法，主人家家人不回避，也不移动香火的，应根据罗盘所测得的格局选择吉方来起工架马；若是主人家出火避宅的，起工架马就不改考虑方位的吉凶了。

所谓移宫修方，《选择求真》记载："修方忌于祖堂不利，则合家不利，然相离稍远者亦可。若于祖堂利而于修主之位住屋不利，则修主不利而合家亦不得受福矣。大抵修主之住屋，若与祖堂同栋，则吉凶同类；若异栋，则必兼论祖堂、住屋俱利，乃可修矣。今人单论祖堂利否者，非古人之旨也。古人云：'祖堂不利，则移香火于吉方。'如修主住屋不利，必要迁居于吉方乃可修作，其义甚明。如本年利作兑方，不利作震方，则移居于东，使所修之方，昔视之为震者，今则视之为兑矣，此活变之法也。凡移徙而修者，必待修完后，方可择吉入宅。”

论架马活法

凡修造在柱近空屋内，或在一百步之外起寮架马，却不问方道。

起符吉日：其日起造，随事临时，自起符后，一任用工修造，百无所忌。

论修造起符：凡修造家主行年得运，自宜用名姓昭告符。若家主行年不得运，自而以弟子行年起符。但用作主一人名姓昭告山头龙神，则定磉扇架、竖柱日，避本命日及对主日矣。修造完备，移香火随符入宅，然后卸符安镇宅舍。

活法，即灵活变通之法、权宜之法。按本条目介绍：

凡在住房附近的空屋内，或在住房一百步外的空地上搭建临时木马架，可以不用占卜吉凶方位。

在开始建造的当天，可以根据事情的需要安排时间。请道士画符后，用工修造可随意进行，什么都不必禁忌。

所谓行年，也叫流年、“小运”，即某人当年所行的运程。凡是屋主在当年运程较好的，就可将其姓名准确地写在符上；如果当年运程不好，可用其弟弟或儿子的行年起符。这正是一种权宜之法。并用主人家某一人的姓名代为主人向主管山头的龙神祈祷说明，就可确定落下柱顶石（磉扇架）和竖立柱头的日期，但必须避开本命日及对主日。房屋建造完毕后，屋主一家人带着所求符签随同祖先灵位和神龛搬入新宅（择吉家称为“入宅归火），而后把符签放在家中合适的位置以镇宅。

所谓对主日，即修造屋主本命对冲之日，如修造屋主本命是子，午日便是对主日；本命是丑，未日就是对主日。其余同此推。

论东家修作西家起符照方法

凡邻家修方造作，就本家宫中置罗经，格定邻家所修之方。如值年官符、三杀、独火、月家飞宫、州县官符、小儿杀、打头火、大月建、家主身皇定命，就本家屋内前后左右起立符，使依移宫法坐符使，从权请定祖先、福神，香火暂归空界，将符使照起邻家所修之方，令转而为吉方。俟月节过，视本家住居当初永定方道无紧杀占，然后安奉祖先、香火福神，所有符使，待岁除方可卸也。

《鲁班经》介绍营建中的趋吉避凶，不仅用于营建自家宅屋之时，也有对邻家修作时的应对之术。按本条目中的介绍，凡是邻家在吉方兴建房宅，就应在自家中置放罗盘，格定邻家所选择的格局。如这种格局正值当年官符、三杀、独火、月家飞宫、州县官符、小儿杀、打头火、大月建诸神煞，涉及本家宅主的流年运程，就必须请道士在自已家房内的前后左右设置符咒以避其凶祸，让道士依照移宫法作法事置放符咒，并采用权宜之法，请祖先、福神、香火都暂时归于虚空，将符咒朝向邻家房屋所选择的方位，并将其转向对自已平安吉利的方位。一个月之后，可根据自已住宅当初选定的吉方，重新安放祖先灵位、香火、福神。所有的符咒，等到年终除夕之夜就可解除。

值年官符，即子年在辰，丑年在巳，寅年在午，卯年在未，辰年在申，巳年在酉，午年在戌，未年在亥，申年在子，酉年在丑，戌年在寅，亥年在卯。

三杀，即劫杀、灾杀、岁杀的合称。因其据于三合五行的绝、胎、养三位，即所谓阴气，又是三合五行当旺对冲之方，故为至凶，不宜冒犯。

劫杀：子年在巳，丑年在寅，寅年在亥，卯年在申，辰年在巳，巳年在寅，午年在亥，未年在申，申年在巳，酉年在寅，戌年在亥，亥年在申。劫杀之理取三合绝处，比如水绝于巳，因而申子辰三合水局以巳为劫杀；木绝于申，因而亥卯未三合木局以申为劫杀，余同。劫杀之方有绝杀之意，兴造忌犯。

灾杀：为劫杀的前一辰。即子年在午，丑年在卯，寅年在子，卯年在酉，辰年在午，巳年在卯，午年在子，未年在酉，申年在午，酉年在卯，戌年在子，亥年在酉。灾杀之理，取三合胎神之位，如申子辰三合水局绝于巳，胎于午，水火也相克；巳酉丑金局绝于申，胎于酉，金木也相克者。如果营造犯其方，主有灾患。

岁杀：岁杀又是灾杀的前一位。即子年在未，丑年在辰，寅年在丑，卯年在戌，辰年在未，巳年在辰，午年在丑，未年在戌，申年在未，酉年在辰，戌年在丑，亥年在戌。岁杀之理是取三合养神之位。如申子辰三合水局，养于未；巳酉丑三合金局，养于辰。营造犯之，主伤子孙、六畜。

州官符：又名天官符，有年月两种，均忌修方。

县官符：又名地官符、县牢杀等，也有年月两种，均忌修造犯之。

小儿杀，即申子辰寅午戌阳年正月在申，二月在乾，三月在兑，四月在艮，五月在离，六月在坎，七月在坤，八月在震，九月在巽，十月在中，十一月在乾，十二月在兑。巳酉丑亥卯未阴年正月在离，二月在坎，三月在坤，四月在震，五月在巽，六月在中，七月在乾，八月在兑，九月在艮，十月在离，十一月在坎，十二月在坤。

打头火，又名飞大煞，其子年在子，丑年在酉，酉年在午，卯年在卯，辰年在子，巳年在酉，午年在午，未年在卯，申年在子，酉年在酉，戌年在午，亥年在卯。打头火虽为三合旺方，但又是本年大煞飞吊之位。其名为火，言其旺极为灾，故曰大煞，忌修方。

大月建，根据《象吉通书》记载："甲癸丁庚年正月在艮，二月在兑，三月在乾，四月入中，五月在巽，六月在震，七月在坤，八月在坎，九月在离，十月在艮，十一月在兑，十二月在乾。乙辛戊年，正月入中，二月在巽，三月在震，四月在坤，五月在坎，六月在离，七月在艮，八月在兑，九月在乾，十月入中，十一月在巽，十二月在震。丙己壬三年，正月在坤，二月在坎，三月在离，四月在艮，五月在兑，六月在乾，七月入中，八月在巽，九月在震，十月在离，十一月在坎，十二月离。一卦管三山。"不过，托名郭璞所作的《元经》则以太岁在子午卯酉年正月起八白，辰戌丑未年正月起五黄，寅申巳亥年正月起二黑，也是逆行九宫，一卦管三山。《协纪辨方书》认为：《元经》其义晓然，又与月建吻合为正。《通书》不仅与太岁相寻之例不合，且与月之九星自相矛盾，为伪。

画柱绳墨

右吉日宜天月二德，并三白九紫值日时大吉。齐柱脚宜寅申巳亥日。

绳墨，指木工用以打直线的墨线。画柱绳墨，就是用墨线画取柱头轮廓的线条。按本条目介绍，应择取天德、月德二吉日为宜，如再能遇到三白九紫（即紫白九星中的一白、六白、八白、九紫），则是最吉利的。而平齐柱脚，则以寅、申、巳、亥日为宜。

画柱绳墨，齐木料，开柱眼

论画柱绳墨并齐木料，开柱眼，俱以白星为主。盖三白九紫，匠者之大用也。先定日时之白，后取尺寸之白，停停当当，上合天星应照，祥光覆护，所以住者获福之吉，岂知乎此福于是补出，使右吉日不犯天瘟、天贼、受死、转杀、大小火星、荒芜、伏断等日。

开柱眼，指工匠在柱上穿洞，又称开柱。按本条目介绍，画柱绳墨、备齐木料、开柱眼，都应以白星为主，合乎三白九紫的大用原则。重要的吉日不能触犯天瘟、天贼、受死、转杀、大小火星、荒芜、伏断等。

天瘟，即子年在未，丑年在戌，寅年在辰，卯年在寅，辰年在午，巳年在子，午年在酉，未年在申，申年在巳，酉年在亥，戌年在丑，亥年在卯。

转杀，又名天地转杀，春乙卯、辛卯，夏丙午、戊午，秋辛酉、癸酉，冬壬子、丙子。

大火星（血），其推法为：申子辰在巽巳，巳酉丑在艮寅，寅午戌在乾亥，亥卯未在坤申，年月时同。

小火星（血），其推法为：申子辰在丙午，巳酉丑在甲卯，寅午戌在壬子，亥卯未在庚酉，年月日时同。

“星”恐为“血”字之误。诸选择通书中，均未见“大小火星”，但有“大小火血”之杀，其法为：大火星取年月绝处，如申子辰水局绝于巳，故大火血在巳，余局同推。小火血取三合五行胎处，如申子辰水局胎于午，故小火血在巳，余局意同。

伏断，根据诸通书记载，十二地支与二十八星宿相配即：子日值虚，丑日值斗，寅日值室，卯日值女，辰日值箕，巳日值角，午日值房，未日值张，申日值鬼，酉日值觜，戌日值胃，亥日值壁。

动土平基

动土平基、填基吉日，甲子、乙丑、丁卯、戊辰、庚午、辛未、己卯、辛巳、甲申、乙未、丁酉、己亥、丙午、丁未、壬子、癸丑、甲寅、乙卯、庚申、辛酉。筑墙宜伏断、闭日吉。补筑墙，宅龙六七月占墙。伏龙六七月占西墙二壁，因再倾倒，就当日起工便筑，即为无犯。若俟晴后停留三五日，过则须择日，不可轻动。泥饰垣墙，平治道涂，甃砌阶基，宜平日吉。

本条目介绍的是平整地基、筑墙、补修墙等的吉日选择。具体来说，平整地基的吉日有甲子、乙丑、丁卯、戊辰、庚午、辛未、己卯、辛巳、甲申、乙未、丁酉、己亥、丙午、丁未、壬子、癸丑、甲寅、乙卯、庚申、辛酉。筑墙宜在伏断、闭日两天进行。补修墙壁，宅龙星在六七月份处于墙的位置，伏龙星在六七月份占据西面墙壁的位置。如果墙壁因雨水侵蚀再次倾倒，最好在当日动工修筑，这样就不会触犯任何凶杀。否则时间一久就必须择日，不可轻易动工。用泥修饰垣墙、把道路修理平整、垒砌房屋地基，选择平日动工就会大吉大利。

关于伏龙，有诗云：春在中庭四五堂，六七西墙八井乡，九十十一西南占，十二灶上见惊惶。

关于宅龙，也有诗云：春灶四五占大门，六七墙头八灶原，九房十室常相守，十一十二在堂悬。

论动土方

陈希夷《玉钥匙》云：土皇方犯之，令人害疯痨、水蛊。土符所在之方，取土动土犯之，主浮肿水气。又据术者云：土瘟日并方犯之，令人两脚浮肿。天贼日起手动土，犯之招盗。

本条目介绍了建宅动土当避免的土皇、土符、土瘟、天贼这几种神煞，犯之则害疯痨、浮肿水气等病，有招盗之祸。陈希夷，即陈抟(871—989)，字图南，号扶摇子，赐号“白云先生”、“希夷先生”，北宋著名的道家学者、养生家。

土皇，即土皇杀，有年土皇和月土皇两种。年土皇子、丑年在巽，寅、卯年在坤，辰、巳年在乾，午年在子，未年在卯，申酉年在午，戌亥年在艮。月土皇正月在巳，二月在辰，三月在卯，四月在寅，五月在丑，六月在子，七月在亥，八月在戌，九月在酉，十月在申，十一月在未，十二月在午。月土皇即地支六害之方。

土符，为正月起寅，二月在卯，三月在辰，四月在巳，五月在午，六月在未，七月在申，八月在酉，九月在戌，十月在亥，十一月在子，十二月在丑，即本月月建，因其方为本月最旺处，所以不可犯。

土瘟，正月起辰，二月在巳，三月在午，四月在未，五月在申，六月在酉，七月在戌，八月在亥，九月在子，十月在丑，十一月在寅，十二月在卯。

论取土动土

坐宫修造不出避火，宅须忌年家、月家杀杀方。

本条目也谈取土动土之宜忌。按其法，建宅时取土动土，如属坐宫修建，就不用移香火和回避，要是新建住宅，在时间选择上必须避开冲犯年家、月家两煞的吉日。

所谓年家、月家，《通书大全》有记载：“本年二十四山墓龙变运，某山运为年月纳音所克，即为年月克某山。”二十四山及纳音之法，本书之前已有介绍。如甲子年纳音属金，本年水土山墓运戊辰属木，就会受年纳音之克，即为本年克。

如以五行论，甲、寅、辰、巽、戌、坎、辛、申，为八水山；丑、癸、坤、庚、未，为五土山也。甲子年丙寅、丁卯、甲戌、乙亥月纳音属火，本年金山墓运乙丑属金，受月纳音之克，即为正、二、九、十月克乾、亥、兑、丁四金山，余类推。现将《协纪辨方书》年家、月家二表摘录如下：

年克山家表

年干＼坐山＼年支	子午年	寅申年	辰戌年
甲	水土山	离壬丙乙	乾亥兑丁
乙	震艮巳	冬至后克 乾亥兑丁	水土山
丙	乾亥兑丁	震艮巳	水土山
丁	水土山	离壬丙乙	震艮巳
戊	冬至后克 乾亥兑丁	离壬丙乙	水土山
巳	乾亥兑丁	冬至后克 乾亥兑丁	震艮巳
庚	乾亥兑丁	离壬丙乙	震艮巳
辛	水土山	冬至后克 乾亥兑丁	离壬丙乙
壬	乾亥兑丁	冬至后克 乾亥兑丁	水土山
癸	水土山	乾亥兑丁	震艮巳

月克山家表

年＼山＼月	正、二	三、四	五、六	七、八	九、十	十一、十二
甲己年	乾亥兑丁	震艮巳山		水土山	乾亥兑丁	离壬丙乙
乙亥年	乾亥兑丁	震艮巳山	离壬丙乙		乾亥兑丁	水土山
丙辛年		乾亥兑丁	离壬丙乙	震艮巳山		水土山
丁壬年		离壬丙乙	水土山	震艮巳山		
戊癸年	震艮巳山	离壬丙乙		水土山	震艮巳山	

定磉扇架

宜甲子、乙丑、丙寅、戊辰、己巳、庚午、辛未、甲戌、乙亥、戊寅、己卯、辛巳、壬午、癸未、甲申、丁亥、戊子、己丑、庚寅、癸巳、乙亥、丁酉、戊戌、己亥、庚子、壬寅、癸卯、丙午、戊申、己酉、壬午、癸丑、甲寅、乙卯、丙辰、丁巳、己未、庚申、辛酉。又宜天德、月德、黄道并诸吉神值日，亦可通用。忌正四废、天贼、建破日。

磉，即柱下之础石、石墩。营造中定磉扇非常重要，磉扇一定，就有山向；柱一竖起，屋则成形，所以古人视为至关重要之处。本条目所介绍的吉日为全年通用。《协纪辨方书》、《永吉通书》中还有逐月吉日，二者略有异别，今据《协纪辨方书》摘录如下：

正月：丁酉、丙午、癸丑。

二月：丁丑、丙寅、乙亥、戊寅、癸未、庚寅、己亥、癸丑、甲寅、己未。

三月：甲子、甲申、戊子、丁酉、庚子、壬子。

四月：甲子、庚午、庚子、丙午、癸丑。

五月：丙寅、戊辰、辛未、甲戌、戊寅、癸未、庚寅、甲寅、丙辰、己未。

六月：丙寅、己亥、戊寅、甲申、甲寅、庚申。

七月：甲子、戊辰、辛未、戊子、庚子、壬子、丙辰。

八月：乙丑、丙寅、戊寅、庚寅、己亥、癸丑、丙辰。

九月：庚午、己卯、壬午、癸卯、丙午。

十月：甲子、庚午、辛未、壬午、戊子、乙未、庚子、壬子、丙辰、辛酉。

十一月：丙寅、戊寅、甲申、庚寅、戊申、甲寅、丙辰、庚申。

十二月：甲子、丙寅、己巳、戊寅、甲申、戊子、庚子、壬子、甲寅、庚申。所忌凶杀，除本条目中的正四废、天贼、建破日外，还有朱雀黑道、魁罡、月建、转杀、地火、天火、独火、受死、天贼、天瘟、阴差、阳错、荒芜、正四废等。

古人定磉扇架，不仅要择吉日吉时，对先定何方、后定何方也有严格的要求。《象吉通书》有记载："凡筑磉，先于龙腹下手筑一槌，次龙背，又次龙头，次四龙足，周而复始，筑之则吉。先犯龙头损宅长，犯足损宅母。己巳、己亥二日为地柱，筑磉犯之损宅长。"

以下列出其定磉的时间和先后方位：

正、五、九月：一乾、二巽、三坤、四艮、五东、六西栋、七下南磉、八下北磉。因三月龙腹在西北乾方，龙背在东南巽方，龙头在西南坤方，龙足在东北艮方，而后为东南西北四正方。(后诸月顺序同)

二、六、十月：一巽、二乾、三艮、四坤、五东栋、六西栋、七下南磉、八下北磉。

三、七、十一月：一艮、二坤、三巽、四乾、五东栋、六西栋、七下南磉、八下北磉。

四、八、十二月：一坤、二艮、三乾、四巽、五东栋、六西栋、七下南磉、八下北磉。

以上定磉之方，起于乾坤艮巽而及东西南北者，是先定四维（四角隅），而后立四正（四正方向），以为八极，而连接八方。各月起宫不同，是以寅申巳亥之四隅，五行金木水火土长生之位循序而进。所谓龙腹、龙背、龙头、龙足，其原理源自洛书的“戴九履一，左三右七，二四为肩，六八为足”，并不是真的有龙腹、龙背、龙足、龙头现于乾坤艮巽方位。同时，乾为天门，巽为地户，坤为人门，艮为鬼户，从这四个方位开始定磉，也有镇四维的妙用。

竖柱（上梁）吉日

宜己巳、辛丑、甲寅、乙亥、乙酉、己酉、壬子、乙巳、己未、庚申、戊子、乙未、己亥、己卯、甲申、己丑、庚寅、癸卯、戊申、壬戌、丙寅、辛巳。又宜寅申巳亥为四柱日，黄道、天月二德诸吉星，成、开日吉。

上梁吉日：宜甲子、乙丑、丁卯、戊辰、己巳、庚午、辛未、壬申、甲戌、丙子、戊寅、庚辰、壬午、甲申、丙戌、戊子、庚寅、甲午、丙申、丁酉、戊戌、己亥、庚子、辛丑、壬寅、癸卯、乙巳、丁未、己酉、辛亥、癸丑、乙卯、丁巳、己未、辛酉、癸亥，黄道、天月二德诸吉星，成、开日吉。

竖柱上梁，又称立柱上梁，指工匠把柱子竖起来，架上木梁，搭建屋架。在古代营造活动中，立柱上梁是至关重要的一道工序，我国许多地方都有写对联、祭祀的风俗，因此其择吉亦非常重要。本条目中所载的吉日，各月中分别有月破、岁破、灾煞、劫煞、岁煞等凶神，应当小心选择。清代李泰来编撰的《永吉通书》对此逐月作了筛选，特摘录于下：

正月：己酉、乙酉、癸酉、甲午、丙午、庚午、壬午。

二月：乙未、丁未、己未、辛未、癸未、乙亥、己亥、丁亥、辛亥、甲寅、丙寅、戊寅。

三月：己巳、乙巳、甲子、丙子、戊子、庚子、壬子、甲申、丙申。

四月：乙卯、丁卯、己卯、辛卯、癸卯、甲午、丙午、戊午、庚午、壬午、甲子、丙子、戊子、庚子、丁丑、己丑、癸丑。

五月：乙未、丁未、己未、辛未、癸未、甲寅、丙寅、戊寅、甲戌、庚戌、戊戌、壬戌。

六月：甲申、丙申、庚申、乙亥、丁亥、辛亥、甲寅、丙寅、壬寅。

七月：甲子、丙子、戊子、庚子、壬子、己未、辛未、丁未、丙辰、戊辰、庚辰。

八月：己巳、癸巳、丁巳、乙丑、己丑、癸亥、戊辰、丙辰、壬辰。

九月：甲午、丙午、庚午、壬午、甲戌、庚戌。

十月：甲子、丙子、戊子、庚子、壬子、乙酉、丁酉、己酉、辛酉、癸酉、甲午、庚午、壬午、辛未、丁未、乙未。

十一月：甲申、丙申、戊申、庚申、壬申、甲辰、丙辰、丙寅、戊寅、庚寅、壬寅。

十二月：甲申、丙申、庚申、甲寅、丙寅、壬寅、乙巳、己巳、癸巳。

凶杀则应避忌朱雀黑道、天牢黑道、独火、月火、天牢、狼藉、冰消瓦解、月破、大耗、天贼、地贼、天瘟、地瘟、鲁班刀砧、正四废等。

关于立柱上梁，《鲁班经》在介绍完各道工序的择吉之后，又有“立柱上梁联”起造立木上梁式”和“请设三界地主鲁班仙师祝文”两个条目。前者是介绍“起造立木上梁”仪式，即要选择“吉日良辰”，在供有香花、灯烛、三牲、果品等供品的香案前，举行一个由领班木工主持的祭祀仪式；后者是举行仪式时，主持者所念诵的祝文。这是当时匠人在工作中必须懂得、熟记的一种仪式和合乎规范的祝文。因而也摘录如下：

起造立木上梁式

凡造作立木上梁，候吉日良辰，可立一香案于中亭，设安普庵仙师香火，备列五色钱、香花、灯烛、三牲、果酒供养之仪，匠师拜请三界地主，五方宅神，鲁班三郎，十极高真，其匠人秤丈竿、墨斗、曲尺，系放香桌米桶上，并巡官罗金安顿，照官符、三煞凶神，打退神杀，居住者永远吉昌也。

立木上梁，即立（竖）柱上梁，是古代营建房屋过程中最重要的一部分，人们非常重视，所以要在合适的时间、地点举行隆重的仪式，通过虔诚叩拜，来祈求平安吉昌。在这样的仪式中，宅主人家期望通过祭祀鲁班，防止工匠所施的巫术邪技；而匠人则希望通过祭祀告之他们技术的诚信，用他们的技艺保佑东家的吉祥安康。

本条目呈现了当时这种仪式的具体过程，即：选择一个吉日良辰，在新宅址中间立一张案桌，安设普庵仙师的牌位香火，依次摆放五色钱、香花、灯烛、猪牛羊三牲、果酒等物品虔诚供奉。木工匠师要拜请天上、地下、人间三界的主管神明、东南西北中五方的宅神、鲁班、三郎，以及十极高真。还要把秤丈竿、墨斗、曲尺捆在一起，放在香案桌的米桶上，同时安顿好巡官罗金，用符木照射凶神官符和三煞。认为打退了这些凶神恶煞，该宅会永保昌盛吉祥。

在这个祭祀仪式中，祝文当然是必不可少的：

请设三界地主鲁班仙师祝上梁文

伏以日吉时良，天地开张，金炉之上，五炷明香，虔诚拜请今年、今月、今日、今时直符使者，伏望光临，有事恳请。今据某道、某府、某县、某乡、某里、某社奉道信官（士），凭术士选到今年某月某日吉时吉方，大利架造厅堂，不敢自专，仰仗直符使者，赍持香信，拜请三界四府高真，十方贤圣，诸天星斗，十二宫神，五方地主明师，虚空过往福德灵聪，位居香火道释众真门官，井灶司命六神，鲁班真仙公输子匠人，带来先传后教祖本先师，望赐降临，伏望诸圣，跨鹤骖鸾，暂别宫殿之内，登车拨马，来临场屋之中，既沐降临，酒当三奠，奠酒诗曰：

初奠才斟，圣道降临，已享已祀，鼓瑟鼓琴，布福乾坤之大，受恩江海之深，仰凭圣道，普降凡情。酒当二奠，人神喜乐，大布恩光，享来禄爵，二奠杯觞，永灭灾殃，百福降祥，万寿无疆。酒当三奠，自此门庭常贴泰，从兹男女永安康，仰奠圣贤流恩泽，广置田产降福祥。上来三奠已毕，七献云周，不敢过献。伏愿信官（士）某，自创造上梁之后，家门浩浩，活计昌昌，千斯仓而万斯箱。一曰富而二曰寿，公私两利，门庭光显，宅舍兴隆，火盗双消，诸事吉庆，四时不遇水雷迍，八节常蒙地天泰（如或保产临盆，有忧坐草无危，愿生智慧之男，聪明富贵起家之子，云云）。凶藏煞没，各无干犯之方；神喜人欢，大布祯祥之兆。凡在四时，克臻万善。次冀匠人兴工造作，拈刀弄斧，自然目朗心开；负重拈轻，莫不脚轻手快。仰赖神通，特垂庇佑。不敢久留圣驾，钱财奉送，来时当献下车酒，去后当酬上马杯。诸圣各归宫阙，再有所请，望赐降临钱财（匠人出煞云云）。

天开地辟，日吉时良，皇帝子孙，起造高堂（或造庙宇、庵堂、寺观则云：仙师架造、先合阴阳）。凶神退位，恶煞潜藏，此间建立，永远吉昌。伏愿荣迁之后，龙归宝穴，凤栖梧巢，茂荫儿孙，增崇产业者。诗曰：

一声槌响透天门，万圣千贤左右分。

天煞打归天上去，地煞潜归地里藏。

大厦千间生富贵，全家百行益儿孙。

金槌敲处诸神护，恶煞凶神急速奔。

立柱上梁还有贴对联的风俗。在《鲁班经》第三卷中，在“起造房屋类”条目之下，有“立柱上梁联”，其联文字也摘录如下：

上联：立柱喜逢黄道日

下联：上梁正遇紫微星

横批：天官赐福

黄道日，前已有介绍。紫微，为天上三垣（太微垣、紫微垣、天市垣）之一，为中垣，居北天中宫，其中有天皇大帝星，因而术家认为紫微星到，诸杀皆避，主柱上梁遇之，大吉。

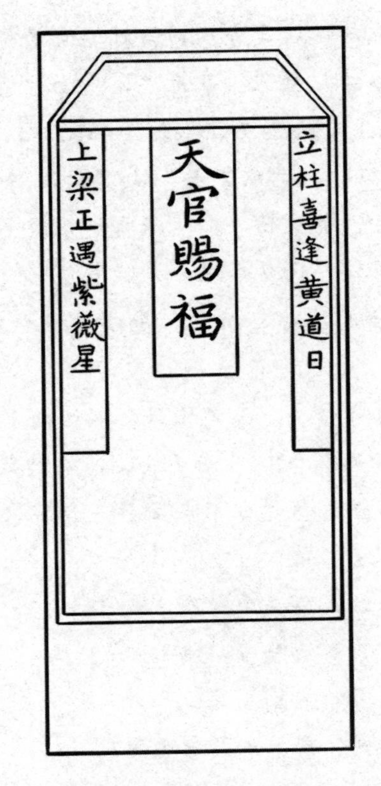

天官赐福对联（万历本《鲁班经》）

拆屋吉日

宜甲子、乙丑、丙寅、戊辰、己巳、辛未、癸酉、甲戌、丁丑、戊寅、己卯、癸未、甲申、壬辰、癸巳、甲午、乙未、己亥、辛丑、癸卯、己酉、庚戌、辛亥、丙辰、丁巳、庚申、辛酉，除日吉。

本条目介绍的是拆除旧屋选择的吉日。古代各家通书都说拆屋也适宜破日，因为拆屋即破坏，破日正合其义。

盖屋吉日

宜甲子、丁卯、戊辰、己巳、辛未、壬申、癸酉、丙子、丁丑、己

卯、庚辰、癸未、甲申、乙酉、丙戌、戊子、丁酉、癸巳、乙未、己亥、辛丑、壬寅、癸卯、甲寅、乙巳、戊申、己酉、庚戌、辛亥、庚寅、癸丑、乙卯、丙辰、庚申、辛酉，定、成、开日吉。

盖屋，是指建造房屋的屋顶，本条目介绍的是该工序中的吉日。盖屋顶，有定、成之意，所以定、成日吉。

需要注意的是，盖屋之时，整个房屋形状已成，所以不宜选在月破、破日及三杀等凶日。《象吉通书》将盖屋吉日逐月标出，特摘录如下：

正月：癸酉、丁酉、己酉。

二月：辛未、癸未、甲申、庚寅、戊申、己未、己亥、辛亥，壬乙命人吉。

三月：甲子、丙子、戊子、丁酉、癸酉、甲申、庚子，外壬子。

四月：甲子、丙子、戊子、丁丑、己卯、癸卯、乙卯、丁卯、辛卯。

五月：己巳、辛未、庚寅、丙辰，外甲寅、己未宜丁巳、辛未命，己未日宜甲戊庚命，吉。

六月：癸酉、甲戌、丁酉、辛亥、庚申、外甲寅、乙亥、丙申，丁癸宜甲戊庚命，吉。

七月：甲子、丙子、戊子、丙辰、戊辰，外壬子、庚子。

八月：庚寅、己亥、辛亥，外乙丑、癸丑。

九月：己卯、癸卯、辛卯、辛亥、癸亥、戊戌、甲戌，辛日少利。

十月：甲子、辛未、戊子、乙未、庚子、壬子。

十一月：庚寅、甲申、庚申，外丙寅、戊寅、丙申、乙巳，己巳日宜甲戊庚命。

以上吉日不犯朱雀黑道、天火、独火、天瘟、天贼、地贼、受死、蚩尤、冰消瓦解、八风、火星、午日、赤帝等凶杀方，都可用。

泥屋（开渠）吉日

宜甲子、乙丑、己巳、甲戌、丁丑、庚辰、辛巳、乙酉、辛亥、庚寅、辛卯、壬辰、癸巳、甲午、乙未、丙午、戊申、庚戌、辛亥、丙辰、丁巳、戊午、庚申，平、成日吉。

开渠吉日：宜甲子、乙丑、辛未、已卯、庚辰、丙戌、戊申、开、平日吉。

本条目介绍的是泥屋与开渠的吉日。泥屋，即用泥涂抹房屋墙壁，相当于今天的粉刷屋墙。开渠，指开凿兴建宅内或附近的水沟。《历例》记载："凡穿浚沟渠、池沼、泉源等事，宜生气开日开渠。忌壬日，并忌土府、土符、地囊、闭日、建收，破平日。"

《象吉通书》将吉日逐月选出，摘录于下：

正月：甲子、丙子、庚子、癸酉。

二月：辛亥、癸亥、己亥、乙亥。

三月：甲子、丙子、庚子、壬子、癸未、丁酉。

四月：甲子、丙子、庚子、癸丑、乙丑、丁丑、庚午。

五月：乙丑、癸未、已未、丁丑。

六月：甲申、庚申、甲寅、己未。

七月：壬子、丙午、戊辰。

八月：己巳、丙辰、癸巳。

九月：癸丑、丙戌。

十月：壬午、癸未、乙未、己未、辛酉、癸酉、庚午。

十一月：癸未、己未、丁未。

十二月：甲申、甲寅、丙寅、庚寅。

以上吉日不犯土瘟、地破、正四废及《历例》中所述诸杀方，都可用。

砌地吉日

与修造动土同看。

结砌天井吉日：诗曰：结修天井砌阶基，须识水中放水圭，格向天干埋（木音）日，忌中顺逆小儿嬉。雷霆大杀土皇废，土忌瘟符受死离，天贼瘟囊芳地破，土公土水隔痕随。

右宜以罗经放天井中，间针定取方位，放水天干上，切忌大小灭没、雷霆大杀、土皇杀方。忌土忌、土瘟、土符、受死、正四废、天贼、天

瘟、地囊、荒芜、地破、土公箭、土痕、水痕、水隔。

砌地，即用砖石铺设在地面上。其吉日选择，可参看前述修造动土的条目。

天井，即宅院中房与房之间或房与围墙之间所围成的露天空地。本条目中介绍的砌造天井吉日选择，可将风水罗盘（罗经）放在天井中，格定方位，在天干上取放水的位置，然后进行测算。一定要忌讳大小灭没、雷霆大杀、土皇等凶煞。还要禁忌冲犯土忌、土瘟、土符、受死、正四废、天贼、天瘟、地囊、荒芜、地破、土公箭、土痕、水痕、水隔等凶日。

所谓放水天干，按古代风水学的说法，阳宅中的水自天上来，所以开渠放水，也宜从天干位去。阳宅放水，如从甲、庚、丙、壬、乙、丁、辛、癸这八天干方位放去，则屋主会人财兴旺，富贵无疆。切忌放十二支神上，因为内有寅申巳亥，名叫四维水，犯之主五姓伤残，为不吉之兆。以下列出阳宅二十四山放水法。

子山水宜放甲丁辛方，癸山水宜放丙丁甲方，

丑山水宜放庚丙方，艮山水宜放坤丙方，

寅山水宜放乾方，甲山水宜放庚丁方，

卯山水宜辛方，乙山水宜放庚辛方，

辰山水宜放辛方，巽山水宜放癸庚方，

巳山水宜放庚辛方，丙山水宜放壬辛癸方，

午山水宜放庚辛方，丁山水宜放辛癸方，

未山水宜放甲方，坤山水宜放艮丙方，

申山水宜放甲方，庚山水宜放甲壬方，

酉山水宜放酉方，辛山水宜放乙酉方，

戌山水宜放甲乙方，乾山水宜放巽甲方，

亥山水宜放巽甲乙方，壬山水宜放甲丁方。

各凶煞中，大小灭没不见各选择通书记载，只有“真灭没”与“天地灭没”两种。真灭没日，有诗云：“弦日逢虚晦遇娄，朔日遇角望亢求，虚鬼盈牛为灭没，百事逢之定是休。”因朔为日月同度，弦为近一远三，望为日月相对，晦为月尽无明，与凶杀中的建破相似，故为凶。天地灭没：正月起丑，二月在子，三月在亥，四月在戌，五月在酉，六月在申，

七月在未，八月在午，九月在巳，十月在辰，十一月在卯，十二月在寅。

雷霆大杀，有歌云：“戌亥子日艮宫寻，未申酉日巽为真，辰巳午日坤方是．丑寅卯日乾上亲。”

土忌，正月在寅，二月在申，三月在巳，四月在午，五月在未，六月在申，七月在酉，八月在子，九月在辰，十月在未，十一月在子，十二月在丑。

土瘟，正月起辰，二月在巳，三月在午，四月在未，五月在申，六月在酉，七月在戌，八月在亥，九月在子，十月在丑，十一月在寅，十二月在卯。

天贼，正月在辰，二月在酉，三月在寅，四月在未，五月在子，六月在巳，七月在戌，八月在卯，九月在申，十月在丑，十一月在午，十二月在亥。

地囊，正月庚子、庚午，二月乙未、癸丑，三月甲子、壬午，四月己卯、己酉，五月甲辰、壬戌；六月丙辰、丙戌，七月丁巳、丁亥，八月丙寅、丙申，九月辛丑、辛未，十月戊寅、戊申，十一月辛卯、辛酉，十二月乙卯、癸酉。

地破，正月起亥，二月在子，三月在丑，四月在寅，五月在卯，六月在辰，七月在巳，八月在午，九月在未，十月在申，十一月在酉，十二月在戌。

土公箭，即在每月的初七、十七、二十七日。

土痕，为大月初三、初五、十五、十八，小月初一、初二、初六、十二、二十六、二十七等日。

水痕，为大月初一、初七、十一、十七、二十三、三十日；小月初三、初七、十二、二十六日。

水隔，正月在戌，二月在申，三月在午，四月在辰，五月在寅，六月在子，七月在戌，八月在申，九月在午，十月在辰，十一月在寅，十二月在子。

论逐月甃地结天井砌阶基吉日

正月：甲子、壬午、戊子、庚子、乙丑、己卯、丙午、丙子、丁卯。

二月：乙丑、庚寅、戊寅、甲寅、辛未、丁未、己未、甲申、戊申。

三月：己巳、己卯、戊子、庚子、癸酉、丁酉、丙子、壬子。

四月：甲子、戊子、庚子、甲戌、乙丑、丙子。

五月：乙亥、己亥、辛亥、庚寅、甲寅、乙丑、辛未、戊寅。

六月：乙亥、己亥、戊寅、甲寅、辛卯、乙卯、己卯、甲申、戊申、庚申、辛亥、丙寅。

七月：戊子、庚子、庚午、丙午、辛未、丁未、巳未、壬辰、丙子、壬子。

八月：戊寅、庚寅、乙丑、丙寅、丙辰、甲戌、庚戌。

九月：己卯、辛卯、庚午、丙午、癸卯。

十月：甲子、戊子、癸酉、辛酉、庚午、甲戌、壬午。

十一月：己未、甲戌、戊申、壬辰、庚申、丙辰、乙亥、己亥、辛亥。

十二月：戊寅、庚寅、甲寅、甲申、戊申、丙寅、庚申。

甃地，指用砖铺地。本条目逐月介绍铺设地面、构造天井和砌造台阶的吉日。

《鲁班经》中除了卷一有介绍营建活动的择吉之外，另有附录“择日全纪”。

七、营建与风水

风水，又称堪舆、地理、相地术、青乌术等，是我国独特而神秘的术数文化。在古代，风水术的影响力久远、普遍而深入，受到上自帝王，下至平头百姓的崇信奉行。尤其在明清时期，风水术的发展达到一个前所未有的高峰。不惟民间盛行，明清皇室建陵对风水术的重视和运用更可以说远迈前代，影响至今。当时皇家官府有钦天监、阴阳宫，国子监设阴阳学；民间则有专业的风水师。不论是皇家陵寝的兴建还是民间宅居的营建活动，离开风水师的参与都是不可想象的。

在这样的时代背景下，《鲁班经》作为民间匠师营建的指导书，风水的内容当然也必不可少，尤其有关宅址的选择与房屋的形制取舍，更是打上了传统风水术的烙印。事实上，明清正是风水学集大成的时代，历代风水理论得到整理和总结。官方的有明代的《永乐大典》，清代的《四库全书》、《古今图书集成》，收录了几乎所有流传下来的风水典籍，并且对这些著作进行了一番考证和研究。当时民间收集和刊印风水典籍颇兴。明朝编有《地理大全》、《阳宅十书》、《阳宅集成》等；清代编有《山法全书》、《阳宅大全》等。这些风水文献著作，也成为《鲁班经》重要的内容来源。

传统的风水可分为阴宅风水和阳宅风水两大类。所谓阴宅，即坟墓葬地；阳宅，即人们居住的家宅。《鲁班经》风水方面的内容涉及的是后者。

中国古代社会十分重视以住宅作为生息连绵的场所，《黄帝宅经》开篇就写道："夫宅者，乃是阴阳之枢纽，人伦之轨模。非夫博物明贤，未能悟斯道也。……凡人所居，无不在宅。……故宅者人之本，人以宅为家，居家安，即家代昌吉，若不安，则门族衰微。"认为住宅是阴阳的关键，人伦的规范，是人们的生存之本。人以宅为家，居住安逸，就会世代昌盛吉祥；反之，则会家族衰败。上到国家，下到村野、山区，都是一样的道理。个人的命运前程和家族的盛衰沉浮都由居址环境主宰，应当在营建住宅之前要选择最佳环境，建造最适宜居住的房屋，这种思想成为阳宅风水的一个核心理念。

风水重相宅选址，也就是对客观环境的取舍，这也正是建筑的前提条件。上至立国定都，次至州郡县邑，下至村坊街宅，凡是有人居住的地方，就必须考虑到具体环境对居住地的影响。《黄帝宅经》中曾有一个有名的“大地有机说”，写道：“以形势为身体，以泉水为血脉，以土地为皮肉，以草木为毛发，以舍屋为衣服，以门户为冠带，若得如斯，是事严雅，乃为上吉。”直接把住宅形制与人的生命形体进行关联比附，认为居住环境也像人体一样是个有机体，各部分之间是相互协调的，只有在各部分都运转正常的情况下，才称得上是理想环境。这个观点对以后的许多风水著作产生影响。当这种观念与人们趋吉避凶的心理相结合时，风水相地之术遂大行于世。

《鲁班经》卷三“起造房屋类”条下，有 71 首关于相宅吉凶的歌诀与图例，堪称传统风水中关于阳宅择址的总结性经典。现将其图文摘录如下：

诗曰：门高胜于厅，后代绝人丁。门高胜于壁，其法多哭泣。

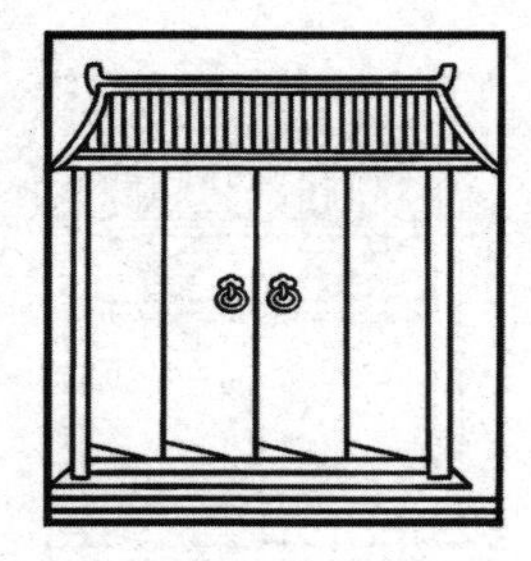

诗曰：门扇或斜欹，夫妇不相宜。家财常耗散，更防人谋散。

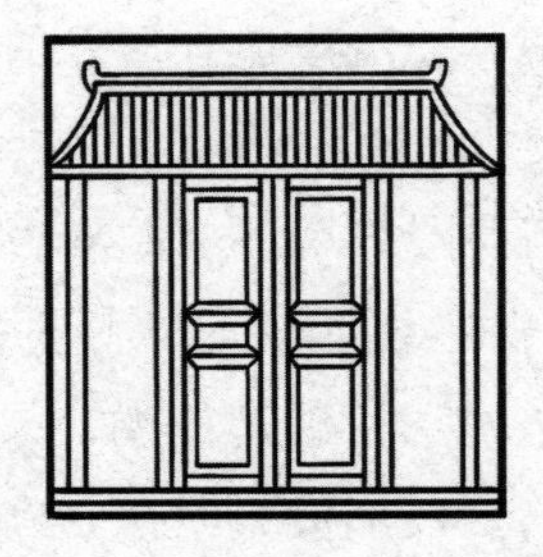

诗曰：门柱补接主凶灾，仔细巧安排。上头目患中痨吐，下补脚疾苦。

诗曰：门柱不端正，斜欹多招病。家退祸频生，人亡空怨命。

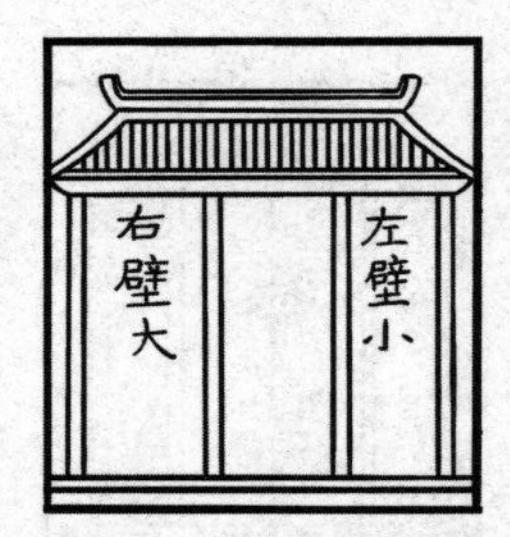

诗曰：门边土壁要一般，左大换妻更遭官。右边或大胜左边，孤寡儿孙常叫天。

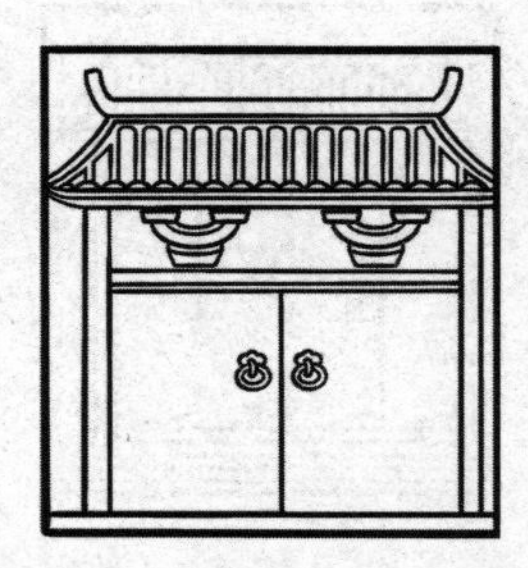

诗曰：门上莫作仰供装，此物不为祥。两边相指或无言，论讼口交争。

诗曰：门前壁破街砖缺，家中长不悦。小口枉死药无医，急要修整莫延迟。

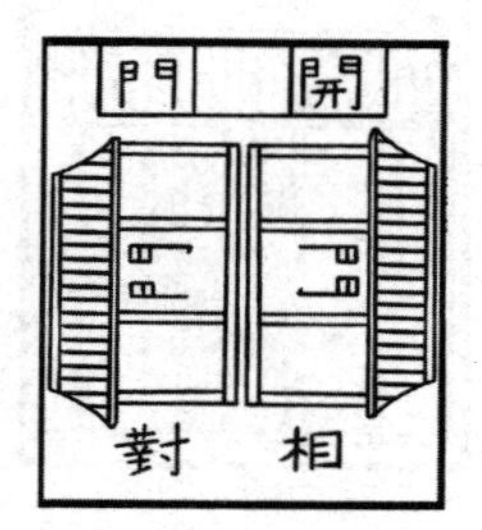

诗曰：二家不可门相对，必主一家退。开门不得两相冲，必有一家凶。

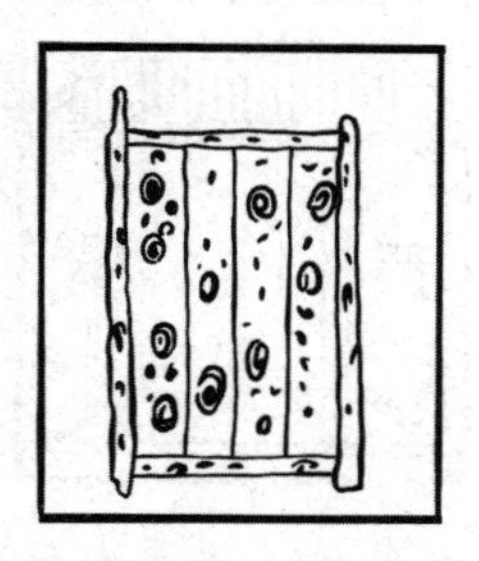

诗曰：门板莫令多树节，生疮疔不歇。三三两两或成行，徒配出军郎。

诗曰：门户中间窟痕多，灾祸事交讹。家招刺配遭非祸，瘟黄定不差。

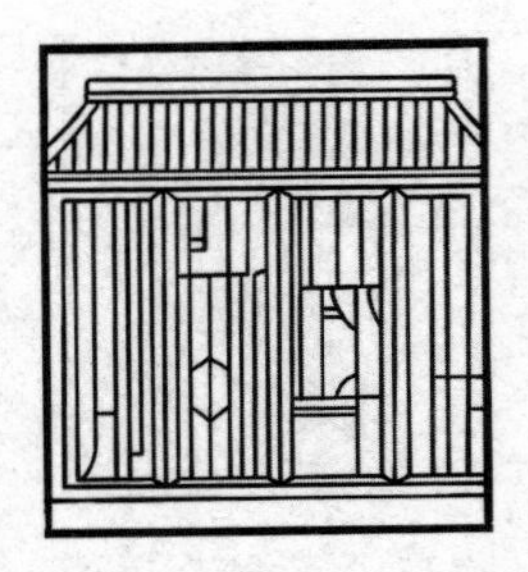

诗曰：门板多穿破，怪异为凶祸。定注退财产，修补免贫寒。

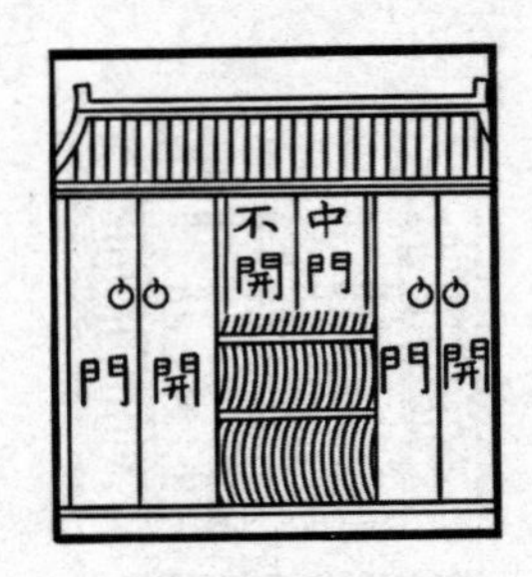

诗曰：一家不可开二门，父子没慈恩。必招进舍填门客，时师须会识。

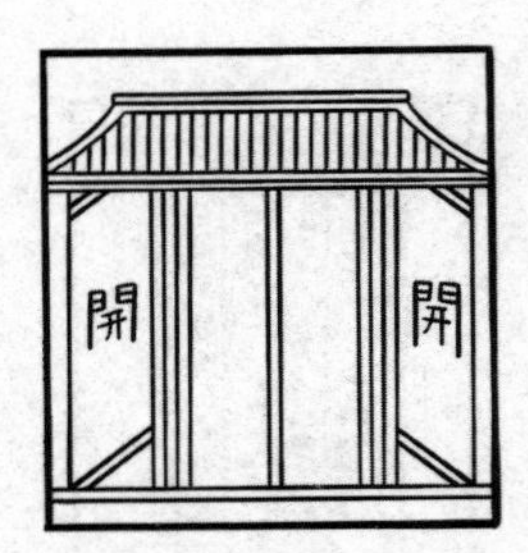

诗曰：一家若作两门出，鳏寡多冤屈。不论家中正主人，大小自相凌。

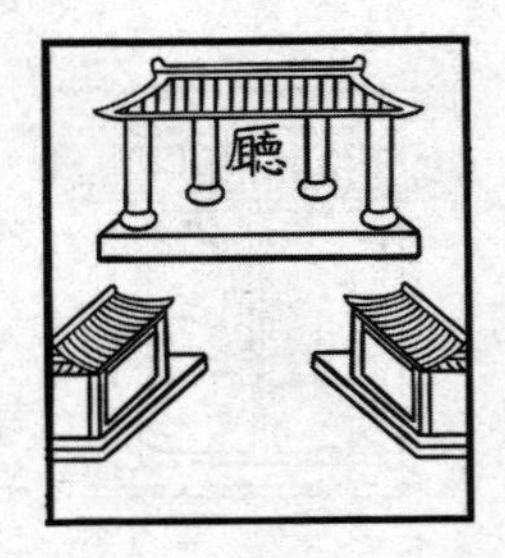

诗曰：厅屋两头有屋横，吹祸起纷纷。便言名曰抬丧山，人口不平安。

诗曰：门外置栏杆，名曰纸钱山。家必多丧祸，恓惶实可怜。

诗曰：人家天井置栏杆，心痛药医难。更招眼障暗昏蒙，雕花极是凶。

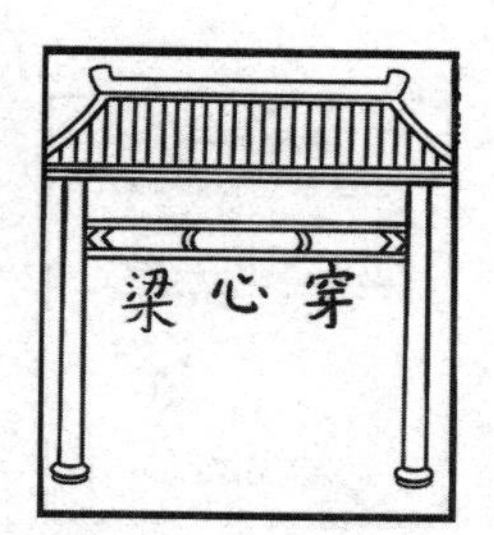

诗曰：当厅若作穿心梁，其家定不祥。便言名曰停丧山，哭泣不曾闲。

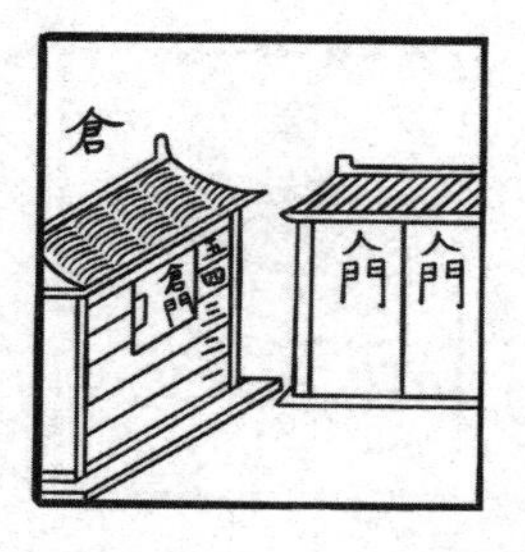

诗曰：人家相对仓门开，定断有凶灾。风疾时时不可医，世上少人知。

诗曰：西廊壁枋不相接，必主相离别。更出人心不伶俐，疾病谁医治。

诗曰：人家方畔有禾仓，家有寡母坐中堂，若然架在天医位，却宜医术正相当。

诗曰：路如牛尾不相和，头尾翻舒反背吟，父子相离真未免，女人要嫁待何如。

诗曰：禾仓背后作房间，名为疾病山。连年困卧不离床，劳病最恓惶。

诗曰：有路行来似铁丫，父南子北不宁家，更言一拙诚堪拙，典卖田园难免他。

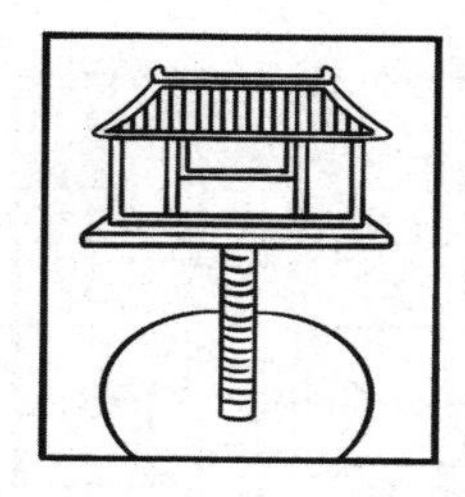

诗曰：路若钞罗与铜角，积招疾病无人觉。瘟疫麻痘若相侵，病疾师巫反有法。

诗曰：人家不宜居水阁，过房并接脚。两边池水太侵门，流传儿孙好大脚。

诗曰：方来不满破分田，十相人中有不同。成败又多徒费力，生离出去岂无还。

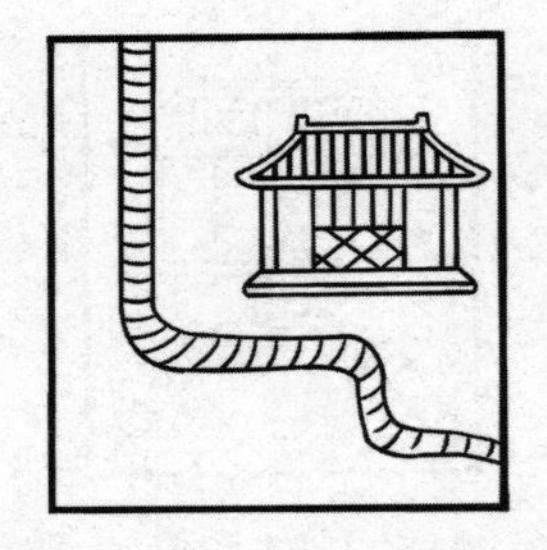

诗曰：故身一路横哀哉，屈屈来朝入冗蛇，家宅不安死外地，不宜墙壁反教差。

诗曰：门高叠叠似灵山，但合僧堂道院看。一直到门无曲折，其家终冷也孤单。

诗曰：四方平正名金斗，富足田园粮万亩，围墙回环无破陷，年年进益添人口。

诗曰：墙垣如弓抱，名曰进田山。富足人财好，更有清贵官。

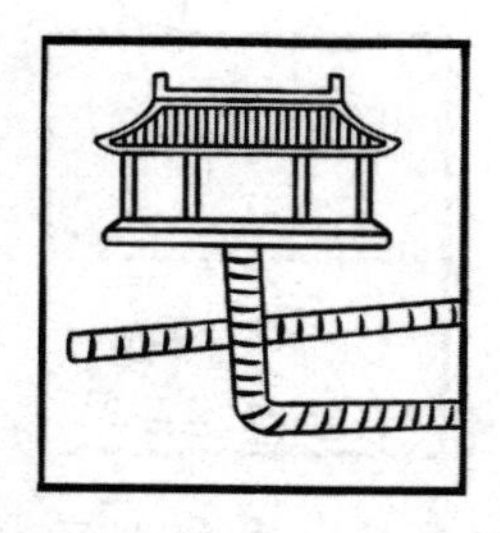

诗曰：左边七字须端正，方断财山定。或然一似死鸭形，日日闹相争。

诗曰：若见门前七字去，断作辨金路。其家富贵足钱财，金玉似山堆。

诗曰：屋前行路渐渐大，人口常安泰。更有朝水向前来，日日进钱财。

诗曰：土堆似人拦路抵，自缢不由贤。若在田中却是吉，名为印绶保千年。

诗曰：门前土堆如人背，上头生石出徒配，自他渐渐生茅草，家口常忧恼。

诗曰：右边墙路如直出，时时叫冤屈。怨嫌无好一夫儿，代代出生离。

诗曰：路如衣带细参详，岁岁灾危歹位当。自叹资身多耗散，频频退失好恓惶。

诗曰：左边行带事亦同，男人效病手扣风，牛羊六畜空费力，虽得财钱一旦空。

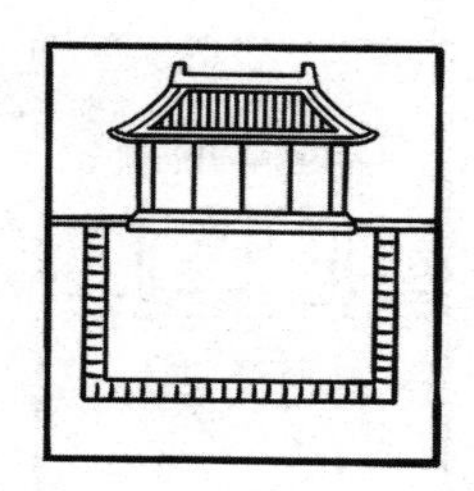

诗曰：门前土墙如曲尺，造契人家吉。或然曲尺向外长，妻婿哭分张。

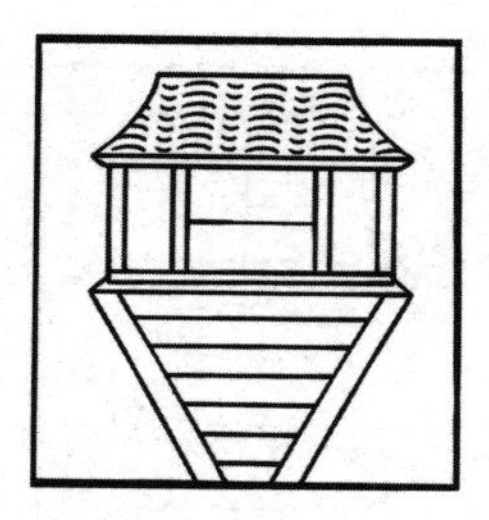

诗曰：门前行路渐渐小，口食随时了。或然直去又低垂，退落不知时。

诗曰：前街玄武入门来，家中常进财。吉方更有朝水至，富贵进田牛。

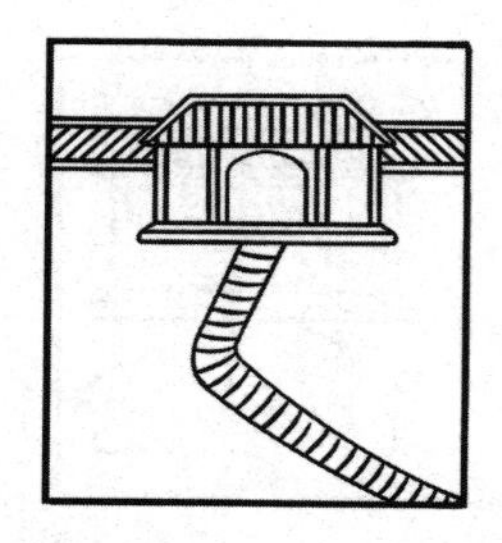

诗曰：路若源头水并流，庄田千万岂能留。前去若更低低去，退后离乡散手游。

诗曰：路如烛焰冒长能，可叹其家小口亡，儿子卖田端的有，不然父母也投河。

诗曰：门前腰带田陆大，其家有分解。园墙四畔更回还，名曰进财山。

诗曰：门前有路如圆障，八尺十二数。此窟名如陪地金，旋旋入庄田。

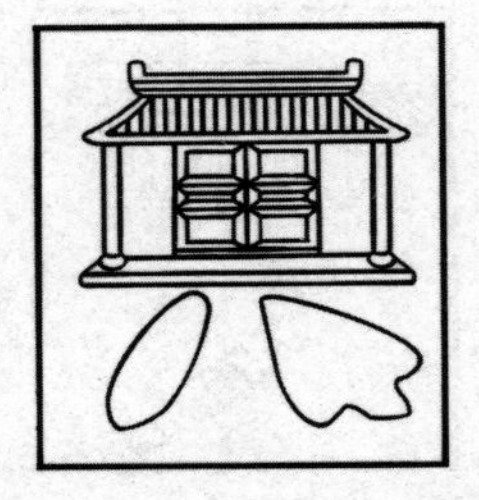

诗曰：门前行路如鹅鸭，分明两边着。或然又如鹅掌形，口舌不曾停。

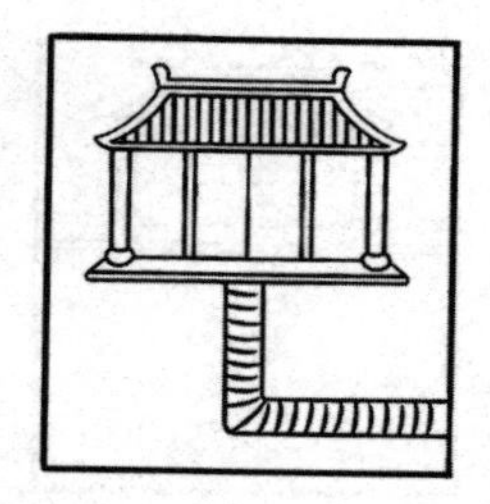

诗曰：有路行来若火勾，其家退落更能偷。若还有路从中入，打杀他人未肯休。

诗曰：双槐门前路捉精，先知室女有风声。身怀六甲方行嫁，却笑人家浊不贞。

诗曰：一来一往似立幡，家中发后事多般。须招口舌重重起，外来兼之鬼入门。

诗曰：门前石面似盘平，家富有声名。两边夹从进宝山，足食更清闲。

诗曰：翻连屈曲名蚯蚓，有路如斯人气紧。生离未免两分飞，损子伤妻家道亏。

诗曰：十字路来才分谷，见孙手艺最堪为。虽然温饱多成败，只因嗜好卖已虚。

诗曰：门前见有三重石，如人坐睡直。定主二夫共一妻，蚕月养春宜。

诗曰：屋边有石斜耸出，人家常抑郁。定招风疾及困贫，口食每求人。

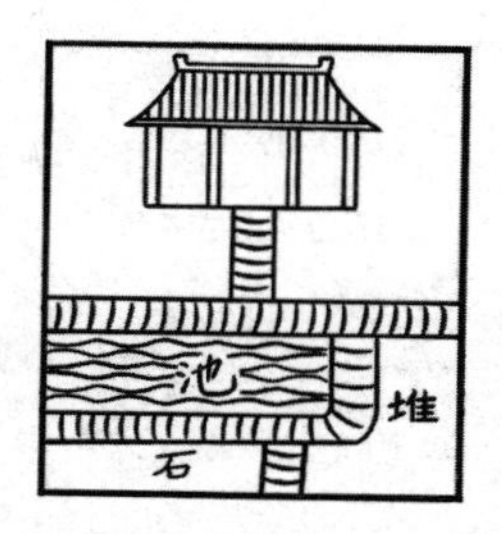

诗曰：排算虽然路直横，须教笔砚案头生。出人巧性多才学，池沼为财轻富荣。

诗曰：路来重曲号为州，内有池塘或石头，若不为官须巨富，侵州侵县置田畴。

诗曰：右面四方高，家里产英豪。浑如斧凿成，其山出贵人。

诗曰：路如人字意如何，兄弟分推隔用多，更主家中红焰起，定知此去更无庐。

诗曰：石如虾蟆草似秧，怪异入厅堂。驼腰背曲家中有，生子形容丑。

诗曰：四路直来中间曲，此名四兽能取禄。左来更得一刀砧，文武兼全俱皆足。

诗曰：抱尸一路两交加，室女遭人杀可嗟。从行夜好家内乱，男人致死也因他。

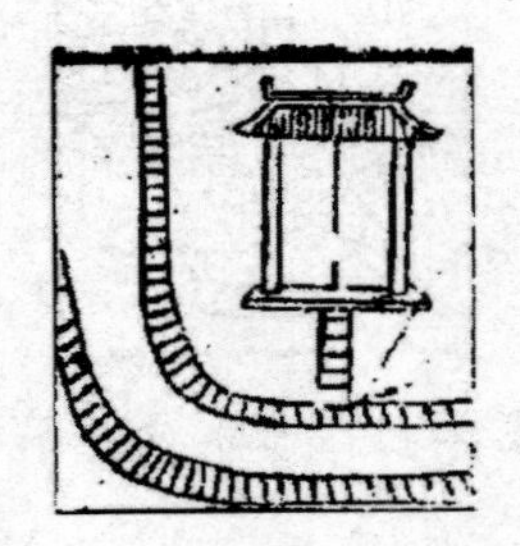

诗曰：一重城抱一江碧，若有重城积产钱，虽是富荣无祸患，只宜抱子度晚年。

诗曰：石如酒瓶样一般，楼台更满山。其家富贵欲一求，斛注使金银。

诗曰：或外有石似牛眠，山成进庄田。更有水在丑方出，六畜自兴旺。

诗曰：南方若还有尖石，代代火烧宅。大高尖起火成山，烧尽不为难。

诗曰：展帛回来欲卷舒，辨钱田即在方隅。中男长位须先发，人言此位鬼神扶。

诗曰：左头屋后起三堆，仓库积木固。石藏屋后一般般，潭曰更清闲。

诗曰：路如丁字损人丁，前低荡去不堪行或然平生犹轻可，也主离乡亦主贫。

诗曰：品岩嵯峨似净瓶，家出素衣僧。更主人家出孤寡，宫更相传有。

诗曰：路如跪膝不风光，轻轻乍富便更张。只因笑死浑闲事，脚病常常不离床。

诗曰：路成八字事难逃，有口何能下一挑，死别生离争似苦，门前有此非吉兆。

这71首歌诀，以图文并茂的形式，详细描述了关于房屋营建地址选择的吉与凶，包括对大门位置、方向、高低等的要求，厅（正房）与东西廊的关系，住宅的整体平面要求，天井内与门外不宜设置栏杆，禾仓与住宅、大门的位置关系，住宅与门前的道路及宅前宅后的山、石、水的关系，等等。

仔细分析这些歌诀，撇开吉凶不谈，可以发现其中有些总结也有一定的道理。如“门高胜于厅，后代绝人丁”，大门是全宅的出入口，重点要突出，但又不能高于后面的厅；“门扇或斜欹，夫妇不相宜”，“门柱不端正，斜欹多招病”，“门板多穿破，怪异为凶祸”，门柱门扇要端正平整，材料不能有破损，这不仅出于安全的考虑，也符合审美要求；此外，禾仓等不宜直对别人家的大门，也不宜近其他建筑，这可以从安全防火方面去理解；建筑平面规整，而且有“城抱”（可以理解为有围墙包围）、“江缠”（有流水环绕），不仅是安全，而且有优美的居住环境；门前路边就是流水，极易发生水患，因而“庄田千万岂能留”；门前有土堆，宅旁有恶石，不仅出入行走不便，也会带来安全隐患。如此等等。这些都是从一定实践经验出发，对一些有关建筑方位、所处环境等，从安全、实用等方面，提出了不少有实用价值的经验之谈。如不少寺观常选在风景点上，不少村落是选择在向阳避风近水源、宜于居住、生产活动的地段上；正是它要求靠某山，前有流水，面对远处某个山头或山口，而使得村内的建筑朝向大体一致，形成明确的道路网，这些在今天看来还是有可取之处的。

八、魇镇、禳解及辟邪镇物

《鲁班经》之后的附录中，有“灵驱解法洞明真言秘书”“秘诀仙机”和“鲁班秘书”，介绍了一些魇镇禳解之术，包括许多镇物的应用。其表达形式有文有图，有咒有符。这些魇镇禳解的条目，有对房主有利的后果，也有给房主带来凶死、病灾、离散恐怖后果的符咒和法术。在当时的社会条件下，这些能对屋宅的主人产生极大的心理作用，因而《鲁班经》用很大的篇幅，郑重其事地对其介绍。

魇　镇

魇镇，又称厌胜，是一种用诅咒或特定物什来制胜所厌恶的事物邪异的民间习俗。

魇镇的习俗由来已久，有关魇镇（厌胜）的传闻频见于皇朝正史、文人笔记、民间传说之中。

晋代干宝《搜神记》卷十八讲述了这样一个故事：有个姓张的巨富住进新宅，家势败落，于是把房子卖给姓程的。程家人入住后，也全家有病。于是把房子转卖给了姓何的，姓何的在该房的灶下掘得一杵，用火把杵烧了，从此“宅遂清宁”。

明代杨穆的《西墅杂记》也记载了类似的故事：有个姓莫的人家，房子夜间老是传出有人打斗的声音，后来拆了房子，发现房梁上有两个木刻的小人，裸体披发，摆出相互打斗的姿势。有个韩姓人家住进新房子后，家里老是死人，四十多年过去，房子破落。发现墙壁中藏着一白色的孝巾；还有常熟一家人，住进新房子后，家里的女子老是不守妇道，后来在房椽间找到一个小木人，是一个女子形状，在和好几个男子交欢，清除后，家风才又清白起来。

魇镇之术在古代工匠行业得到普遍应用。据说因为古时的工匠地位低微，很多无良雇主会对其肆意欺压，克扣工钱，工匠们便会在施工期间以厌胜术进行报复，在屋内埋藏一些称之为“镇物”的物品，给雇主带来不幸，轻则家宅不宁，时有损伤或惹上官非；重则患上恶疾、遇上灾劫、孩童夭折，甚至会家破人亡。

早在宋代，孔平仲所撰的《谈苑》就有记载：“造屋主人不恤匠者，则匠者以法魇主人，木上锐下壮，乃削大就小倒植之，如是者凶。以皂角木作门关，如是者凶。”

明清两代是工匠魇镇最活跃的时期。时有“梓人造屋，必为魇镇”的说法。明代谢肇淛的《五杂俎·人部二》记载：“木工于竖造之日，以木签作厌胜之术，祸福如响，江南人最信之，其于工师不敢忤嫚。历见诸家败亡之后拆屋，梁上必有所见，如说听所载，则三吴人亦然矣。其它土工、石工莫不皆然，但不如木工之神也。”可以看出，魇镇作为工匠保障自己权益的一种神秘手段，会给人们造成心理影响，从而不敢怠慢工匠。

明代之后，魇镇使用的方式变得越来越多。在《鲁班经》附录“鲁班秘书”中，魇镇之物就列举了27种之多，其中包括藏于建筑各个部分的，不一而足，花样繁多，让人防不胜防。这些魇镇之物中，大多是对主人家不利的，会令其家宅不宁，招来横祸，如以下诸条：

（1）将一个披头散发的女鬼图藏于柱中，居住者便会有死丧。

此披头五鬼，藏中柱内，主死丧。

（2）将一个小棺材藏在正厅（堂屋）的枋柱内，会克死居住者。

一个棺材死一人，若然两个主双刑，大者其家伤大口，小者其家丧小丁。藏堂屋内枋内。

（3）将一张画上图案、围绕一个“日”字的纸张藏于大门的上枋内，居住者便会常常卧病在床。

黑日藏家不吉昌，昏昏闷闷过时光，作事却如云蔽日，年年虐疾不离床。藏大门上枋内。

（4）铁锁中间藏一个小木人，小木人涂抹五彩，再把铁锁藏在井底或筑在墙内，会令居住的人家人丁死绝。

铁锁中间藏木人，上装五彩像人形，其家一载死五口，三年五载绝人丁。深藏井底或筑墙内。

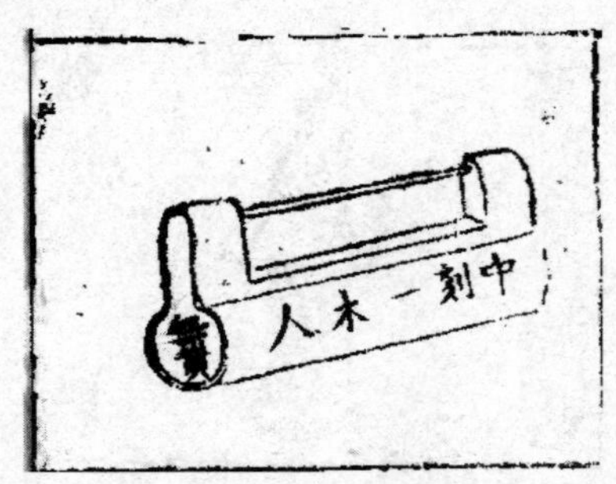

（5）在门梁上藏上一只碗和一只筷子，会令居住者家道中落，后代甚至要行乞维生。

一块碗片一枝箸，后代儿孙乞丐是，衣粮口食尝冻饿，卖了房廊住桥

寺。藏门口架梁内。

（6）在一张纸上画上翻过来的船，埋在北头地中，会令居住人家溺水而死，妻儿死于难产。

覆船藏在房北地，出外经营丧江内，儿女必然溺井河，妻儿难逃产死厄。埋北首地中。

（7）将一张画上两把刀图案的纸张藏在门前的左边（白虎）枋木内，居住者会因杀人而入狱。

白纸画成两把刀，杀人放火逞英豪，杀伤人命遭牢狱，不免秋来刀下抛。藏门前白虎首枋内。

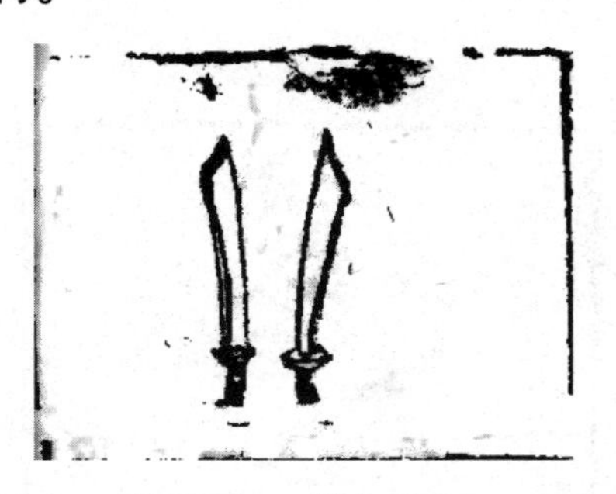

（8）一块木柴头系上一根绳子，藏在地下，会令居住人家夫妻父子争斗，有人上吊而死。

一个柴头系一绳，块藏地下随处行，夫妻父子尝争斗，吊死绳头有己人。不论埋何处。

(9）将一张画上一只白虎的画像，头部向内藏在梁楣内，居住者会招惹是非，而女主人则会多疾病。

白虎当堂坐正厅，主人口舌不离身，女人在家多疾厄，不伤小口只伤妻。藏梁楣内头向内凶。

(10）将一块破瓦和一把断锯藏在正梁头的接缝处，居住者会家破人亡。

一块破瓦一断锯，藏在梁头合缝处，夫丧妻嫁子抛离，奴仆逃亡无处置。藏正梁合缝内。

(11）将七口钉藏于梁柱的内孔内，家宅的人口会永远保持同一数目，

如有添丁或娶媳，其他人丁必会离家或离世。

七个钉头作一包，七口人丁永不抛，若然添人与娶媳，一得一失必难逃。藏柱内孔中。

（12）在大门上枋写“口”字，表示口舌是非多，会令居住者惹上官司，耗尽家财，折损人丁。

朱雀前书多口舌，官非横祸相连涉，家财耗散损人丁，直待卖房才得歇。写大门上枋中。

（13）在门缝槛的合缝中写上“囚”字，居住者会锒铛入狱。

门槛缝中书一囚，房若成时祸上头，天大官司监牢内，难出监中作死囚。藏门槛合缝中。

（14）在门槛地下埋藏一把缠着头发的刀，居住的男丁会出家。

头发中间裹把刀，儿孙落发出家逃，有子无夫常不乐，鳏寡孤独不相饶。藏门槛下地中。

(15) 在屋宅中间埋藏一根牛骨，会令居住者终生辛苦忙碌，死了也没棺材葬，后代也是劳碌命。

房屋中间藏牛骨，终朝辛苦忙碌碌，老来身死没棺材，后代儿孙压肩肉。埋屋中间。

不过，镇物并非全是用来害人的，也有让主家人财两旺，顺风顺水，好事连连的，如以下诸条：

(1) 将一只小船藏于房屋的斗（楹柱和横梁间连系的木块）中，如船头朝内，会有利居住者的财运；朝外则有反效果。

船亦藏于斗中，可用船头朝内，主进财。不可朝外，朝外主财退。

（2）将一片桂叶藏于房屋的斗内，有利居住者的学业。

桂叶藏斗内，主发科甲。

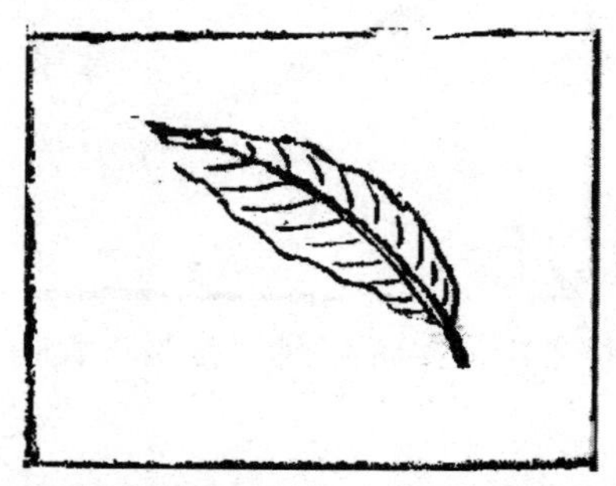

（3）将一株柏科植物藏于屋内任何一处，能令人增寿。

不拘藏于某处，主主人寿长。

（4）将三片连接的竹叶，分别写上“大吉”、“平安”和“太平”，藏于屋顶的椽梁上，可保家宅上下平安。

竹叶青青三片连，上书大吉太平安，深藏高顶椽梁上，人口平安永吉祥。藏钉椽屋脊下梁柱上。

（5）在门缝间藏上一支毛笔，居住者便能代代出贤能。

门缝中间藏墨浸，代代贤能出方正，不为书吏却丹青，安隐人家主忠信。

(6) 在大梁上画上官纱，在枋柱画上腰带，在门槛上画上官靴，有利居住者考取功名。

梁画纱帽槛画靴，枋中画带正相宜，生子必登科甲第，翰林院内去编书。

(7) 将一些米放在斗内，会大利居住者的财运。

斗中藏米家富足，必然富贵发华昌，千财万贯家安稳，米烂成仓衣满箱。藏斗内。

(8) 将两个古钱翻转放在正梁两端，会令居住者一家名利双收。

双钱正梁左右分，寿财福禄正丰盈，夫荣子贵妻封赠，代代儿孙挂绿衣。藏正梁两头，一头一个须要覆放。

(9) 将一个墨盒和一支笔藏在木枋内，能有利居住者的仕途；不过若笔头开叉，则会被罢免。

一锭好墨一枝笔，富贵荣华金阶立，必佐圣朝为宰臣，笔头若蛀退官职。藏枋内。

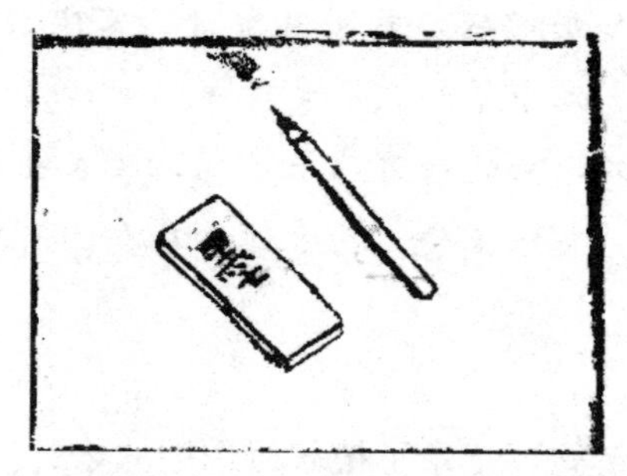

(10) 在墙头的合缝内画上一个葫芦，会大利从事占卜星相或医术的居住者。

墙头梁上画葫芦，九流三教用工夫，凡住人家皆异术，医卜星相往来多。画墙上画梁合缝内。

禳 解

所谓有矛则有盾，工匠有魇镇之术，房主就有禳除破解之法。《鲁班经》所记载的禳解类条目，就是为房主解救帮忙的。

《鲁班经》附录“秘诀仙机”开篇云：

魇者必须有解，前魇禳之书，皆土木工师邪术。盖邪者，何能胜正！是所载诸法，皆句句真言、灵符妙诀，学者观者，勿得污手开展，各宜敬之。凡有一切动作起造完日，解禳之后，则土木之魇无益矣。如居旧室，或买者赁者，家宅累见凶事，或病、或口舌、或争讼，家中不和睦，梦魇叫，见神遇鬼伤害人口，生意淡薄，时常火发，频贼偷盗飞来等祸，败家丧命之类，并皆可禳，能转祸为福，百难无侵，则永远安泰矣。因累试累验，特此抄刊。

其后的“工完禳解咒”记录了禳解所用的咒语：

咒曰：五行五土，相克相生。木能克土，土速遁形。木出山林，斧金克神，木精急退，免得天嗔。工师假术，即化微尘。一切魔鬼，快出户庭。扫尽妖氲，五雷发声。柳枝一洒，火盗清宁。一切魔物，不得翻身。工师哩语，贬入八冥。吾奉天令，永保家庭，急急如老君律令。

一般来说，当家中发现疑是魇镇的物件时，必须将其投入烈火焚烧或以沸油煎炸，据说便能破法，而放置镇物的人会立即承受对等的报应，甚至飞来横祸致死。不过，镇物繁多而防不胜防，为万全起见，在房子建成后，房主还会正式举行禳解的祭祀仪式。如“鲁班秘书”在魇镇之法后，有禳解仪式与咒语的相关记载：

凡造房屋，木石泥木匠作诸色人等蛊毒魇魅，殃害主人。上梁之日，须用三牲福礼，攒扁（匾）一架，祭告诸神将、鲁班先师，秘符一道念咒云：恶匠无知，蛊毒魇魅，自作自当，主人无伤。暗诵七遍，本匠遭殃，吾奉太上老君敕令，他作吾无妨，百物化为吉祥，急急律令。

即将符焚于无人处，不可四眼见，取黄黑狗血，暗藏酒内，上梁时将此酒连递匠头三杯，余者分饮众匠。凡有魇魅，自受其殃，诸事皆祥。

按本条目介绍，在上梁的当天，必须以三牲（牛、羊、猪）作为祭礼，并准备一架匾额，祭告各诸将和鲁班先师，写下秘符并念咒。然后将符焚烧于没有人的地方，不能让别人看见，并取黄黑狗血暗藏酒中，上梁时将酒让众匠饮用，这样就能保平安了。

从这段记载不难看出，房东认为鲁班作为建筑行业的祖师，在咒语中念其名，必定可以对工匠产生一种心理上的威慑，再附加狗血等秽物，就更有把握禳解工匠的魇镇把戏。

禳解之法当然非止一种。比如上文《谈苑》提到的“削大就小倒植之”的木头，工匠用此法，是要让房主人家不能长进，做事和这根木头一样颠倒。针对这类魇镇，主人就会一边用斧头敲击此木，一边诵咒：“倒好倒好，住此宅内，世世温饱。”

还有一法：整个房屋完成后，房主用一盆水，全家人一齐拿上柳条，蘸上水绕屋泼洒，一边走一边念咒：木郎木郎，远去他方，作者自受，为者自常，所有魇魅，与我无干。急急如太上律令敕。

辟邪化煞镇物

禳解除了举行祭祀仪式和念诵咒语外，还需要一些辟邪化煞的镇物。《鲁班经》中介绍的瓦将军、石敢当等驱邪镇物，直到今天在民间仍可见到。

石敢当

以灵石来镇宅的民俗在我国由来已久。汉代的《淮南万毕术》中有将石头埋在家中四角，就不会有妖邪入侵的说法。北周庾信《小园赋》里就说："镇宅神以薶石，厌山精而照镜。"意思是要镇定宅神，使其常护左右，就必须于造屋时埋石为祭。

在民间，最简便、最常用的灵石镇宅法就是设立石敢当。石敢当，也叫"泰山石敢当"、"石将军"、"石神"等，是一种长方形的石碑。之所以有的冠名"泰山"，是因泰山乃"五岳"之首，人们相信泰山的石头最具灵性。

石敢当的文字记载最早见于西汉史游的《急就章》："师猛虎，石敢当，所不侵，龙未央。"宋仁宗庆历四年（1044），在福建莆田发现了唐代宗大历五年（770）的"石敢当"石碑，上刻有"石敢当，镇百鬼，压灾殃，官吏福，百姓康，风教盛，礼乐昌"等文字，可以看出当时石敢当的作用，也足证此俗由来已久。

《鲁班经》中对石敢当的使用方法有详细记载：

> 凡凿石起工，须择冬至日后甲辰、丙辰、戊辰、庚辰、壬辰、甲寅、丙寅、戊寅、庚寅、壬寅，此十二日乃龙虎日，用之吉。至除夜用生肉三片祭之，新正寅时立于门首，莫与外人见，凡有巷道来冲者，用此石敢当。

根据本条目介绍的，古人相信在龙虎日凿刻石敢当，并且除夕夜用三片生肉祭祀，就能使神石避邪趋吉的威力长盛不衰。

关于石敢当的来历，有很多不同的传说。一说在黄帝时代，蚩尤联合南方苗民企图推翻黄帝的统治。蚩尤有八十一个铜头铁额的兄弟，头角所向，玉石难存，凶恶无比，黄帝不敌，屡遭败绩。一日，蚩尤登泰山而小天下，自吹"天下谁敢当?"女娲遂投炼石以制其暴，石上镌着"泰山石敢当"五字，终使蚩尤溃败。黄帝乃遍立"泰山石敢当"，蚩尤军队见之，个个胆战心惊，望石而逃。又有一说，相传五代时有一名大力士，名“石敢当”，因在战争护主战死，为了纪念，所以设立石敢当。

按古代风水术的说法，住宅门户不宜直对道路街巷、桥梁庙宇或三叉路口等直冲处，倘若立一块石敢当，便可起到驱逐邪煞的作用，所以石敢当常在街衢巷口、桥道要冲、城门渡口等处及住宅大门边外墙边设置，也有嵌进建筑物的，上刻“石敢当”三字（或“泰山石敢当”五字），以此象征镇压不详，“敢当”无敌。

泰山石敢当（万历本《鲁班经》）

瓦将军

凡置瓦将军者，皆因对面或有兽头、屋脊、墙头、牌坊脊，如隔屋见者，宜用瓦将军。如近对者，用兽牌，每月择神在日安位，日出天晴安位者，吉。如雨不宜，若安位反凶。木物不宜藏座下，将军本属土，木原克土，故不可用安位。必先祭之，用三牲、酒果、金钱、香烛之类。

祝曰：伏以神本无形，仗庄严而成法相，师傅有教，待开光而显灵通（即用墨点眼）。伏为南瞻部州大明国某省某府某县某都某图住屋奉神信士某人，今因对门远见屋脊，或墙头相冲，特请九兽总管瓦将军之神，供于屋顶。凡有冲犯，迄神速遣，永镇家庭，平安如意，全赖威风。凶神速避，吉神降临，二六时中，全叨神庇，祭祝以完，请登宝位。

祝毕，以将军面向前上梯，不可朝自己屋。凡工人只可在将军后，切不可在将军前，恐有伤犯。休教主人对面仰观，宜侧立看，吉。

按本条目介绍，如居家隔屋可见对面他人的兽头、屋脊、墙头、牌坊脊，要在屋顶安放瓦制的武人坐象，俗信其能辟邪驱鬼，称“瓦将军”。安置宜选晴天进行，木制物品不可藏在瓦将军座下，因为瓦将军五行属土，木克土，故不利。安置前必先用三牲、酒果、金钱、香烛之类举行祭祀仪式。

瓦将军（万历本《鲁班经》）

兽 牌

但有人家对近墙屋之脊，用此兽牌，钉于窗顶上，不可直钉檐下，则对不着对面之冲，钉者须要准对，不可歪斜钉，不可钉于兽面，若钉当中反凶也。今有图式，黑圈处钉钉之处也，取六寅日寅时吉，忌未亥生命。

兽牌即狮牌，主要用在门前驱逐邪煞与脊脚冲射带来的杀气。上宽八寸，象征八卦；下宽六寸四分，象征六十四卦；高一尺二寸象征十二时

辰，合两边为二尺四寸，象征二十四节气。

狮子为“百兽之王”，有“天上天下，唯我独尊”的神性魇镇邪魅作用。古代宫殿、寺观、署衙等门前均有石狮，不仅显得威猛，且具有辟邪之用。

有些兽牌中狮子口中还衔一把七星宝剑，名叫狮子衔剑兽牌。剑极具杀伐之威力，又有天意之神圣。葛洪《抱朴子·登涉》中说：“涉江渡海避蛟龙之道时，佩了剑，就能使蛟龙、巨鱼、水神不敢近人。”古代有地位的人经常佩带七星剑，不仅可防身，且象征天意。由此，民间术士将其演变为辟邪之物。巫师做法，便常以宝剑或木剑作为法器，狮子口中衔剑，为的是更增加兽牌的辟邪能力。

江南明清民居屋顶上，兽牌、瓦将军等至今可见。

兽牌（万历本《鲁班经》）

天官赐福

此板钉他人屋脊上或墙上，须要与他家屋主人说明，要他家主人写，不可自书。若自写，反不吉。此板因不钉兽牌，或对门相好亲友，恐他人不喜之，设故钉此，以两吉也，和睦乡里之用。

把写有“天官赐福”字样的牌板钉在他邻家的屋脊上或墙上，而且板上的字需要邻家主人来写，自己写反而不吉利。这种牌板据说可为自家和邻家都带来吉运，乡邻关系由此和睦。

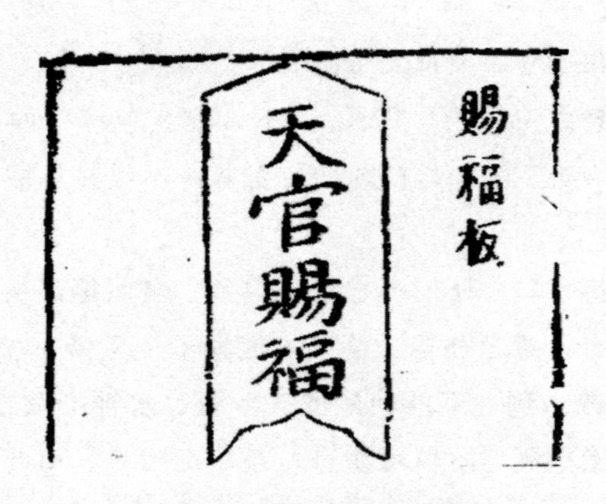

天官赐福（万历本《鲁班经》）

一 善

择四月初八日，用佛马净水化纸毕，辰时钉。钉时，须要人看待，傍人有识此者，借其言曰："一善能消百恶。"若傍人不说，则先使亲友来说。钉此一善，须要现眼处。

在牌子上写上"一善"二字，选择四月初八（该日是释迦牟尼佛的圣诞，为吉日）钉在他人房子的墙角、兽脊、大水滴檐、道路冲射自家大门之处，以辟其煞。钉时必须要有人在一旁看着；一旁的人有认识牌子上的字的，可借其口说"一善能消百恶"；如果旁人不说，可先让亲友来说。只有说了方有用；若无人说，则无用。

一善（万历本《鲁班经》）

姜太公在此

凡写姜太公贴者，不宜用白纸，要用黄纸，吉。但应兴工破土，起造修理皆通用。

在一张纸上写上“姜太公在此”，据说也可以辟邪逐煞。纸要用黄纸，忌用白纸。这道符纸但凡兴工破土、起造修理都可以用。姜太公，即姜子牙，炎帝后裔，曾为西伯侯出谋划策，灭纣立周，被周武王尊为尚父。按古代神魔小说《封神演义》的说法，姜子牙代天封神，天上所有吉神凶煞都是姜子牙所封，故诸神煞皆惧，由此引伸为退煞镇宅辟邪之用。另有一说，姜子牙在封诸神时，忘了给自己留位置，仅剩下房顶守护神一位，无奈坐了房顶守护之神，故今山西运城一带，如正房有被山头、河水、坟丘、冈棱、屋脊等神射时，在其房脊上用几个青砖立一小楼，中间一砖上刻“姜太公在此，诸神退位”九字，以辟凶煞。也有贴在院内、屋中或刻在墙头等处者，随其凶煞所在之处而定。

姜太公在此（万历本《鲁班经》）

倒　镜

此镜铸成如等盘样，四围高，中间陷，不宜太深凹。中磨亮，不类人与物照之，皆倒也。凡有厅屋、宫室、高楼、殿寺、庵观屋脊及旗竿相

冲，用此镜镇之。

倒镜悬挂样式如图所示。这种镜如盘状，四围高，中间低，且磨得透亮。多将倒镜悬挂在屋角或门楣上，以化解远处屋角、墙角、屋脊等尖形之物的冲射。

镜在古代认为是天意的象征，《尚书考灵曜》中有“秦失金镜，鱼目入珠”的说法，认为镜是一种宝物，若失去了金镜，就会失去天下。同时，人们还认为镜子是“金水之精，内明外暗”，一切害人的魑魅魍魉都不能在镜子面前隐藏。所以《西游记》、《封神演义》等神话小说中，一旦遇到辨不清是何物成精，便去找托塔李天王借照妖镜以察其形。由此，镜子也就成了家中辟邪、化煞的灵具之一。

吉　竿

吉竿用长木，挂上用披水板，如雨落水一般，名曰：“避雨”。中用转肘，好扯灯笼，灯笼上写“平安”二字。避雨中用一板，上写“紫微垣”三字，像神位一般，供在避雨中，朝对冲处。凡有大树、灯竿、城楼、宝塔、月台、更楼、敌楼、官厅、官堂冲者，并皆用之。若人家前高后低者，亦用。此不宜太高，立于后门或后天井中。若后边有山高，墙高，他家屋高，亦用此立于前天井内门前。

按本条目介绍，如房屋对面有更高大的房屋或树木，要树一长竿，称“吉竿”。吉竿挂用披的水板，就好像落雨滴一样，名叫“避雨”。上悬灯笼，灯笼上写“平安”二字；避雨中用一板，上写“紫微垣”三字，如同神位一样朝对冲处，以逢凶化吉。一般来说，如果阳宅房前面高而后面低，风水中叫作“地空杀”，大凶，可用此竿化解。

吉竿

（万历本《鲁班经》）

黄飞虎

飞虎将军，或纸画，或板上画。凡有人家飞檐横冲者，用此。横冲屋脊等项，亦用此镇之。见有人家安酒瓶者，亦同用小三白酒，内藏五谷，太平钱一文，研成一块，如品字样。

按本条目介绍，凡他人家屋脊飞檐或屋脊相对横冲的，可在纸上或木板上画上黄飞虎将军的像，作为镇邪之符。黄飞虎是《封神演义》中的纣王大臣，官拜镇国武成王，其妹为纣王西宫娘娘。后纣王无道，迫其反出五关，投奔西歧，官拜开国武成王，在夺取渑池时被张奎杀死。死后姜子牙封其为东岳大帝，为“五岳”之首，后被用为魇解凶煞之神。

山海镇

山海镇如不画者，只写山海镇亦可，画之犹佳。凡有巷道门路、桥亭、峰土堆、枪、柱、船埠、豆蓬柱等项通用。

按本条目介绍，这种镇邪符简单点的，可只写“山海镇”三字即可；不过，把山海画出来效果会更好。凡有巷道门路、桥亭、峰土堆、枪、柱、船埠等相对冲，都可用此符。

九天元雷

凡有钟楼鼓楼，铁马梯，回廊、秋迁架，牌楼上麒麟狮子开口者，及照墙、神阁、五圣堂屋脊相冲等项，并皆用贴于横枋上，凡事逢凶化吉。

按本条目介绍，凡是有钟鼓楼、铁马梯（古建筑中的一种阶梯）、秋迁架等相对冲的，可把这种镇符贴在横枋上。

篱　笆

凡有低屋脊及矮墙头冲者用。如己屋朝东朝西朝南者，恐日影、墙

脊、屋脊影入门，故用枪箭以当其锋。

扎篱笆、种竹、种树遮掩凶煞，都是化煞的一种。按本条目介绍，凡遇低屋脊及矮墙头对冲的，可用扎篱笆的方式避煞。

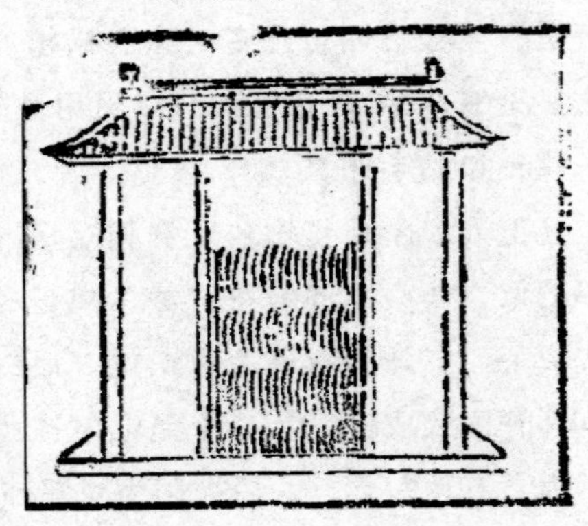

篱笆（万历本《鲁班经》）